餐旅概論

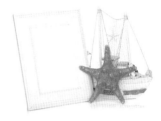

陳永賓 著

五南圖書出版公司 印行

CONTENTS
目　錄

第一篇 旅行業及航空業

第一章

旅行業

　　旅行業是旅客與旅遊目的地（destination）之中介角色；舉凡護照之中辦，簽證之取得，機票及餐飲住宿等，都可以由旅行業來代勞。

第一節　旅行業的發展歷史
第二節　旅行業的定義、類別及經營概念
第三節　旅行業現況
個案探討：美國運通公司、黃石國家公園

第一節　旅行業的發展歷史

　　人類很早就有了旅遊需求，因此在很久以前，旅行業便開始初步的發展，不論在國內或國外，都演變出一套屬於自己的方式，要熟知旅行業之前，不外乎要先將國內及國外的旅行業發展做深入的了解。

一、外國旅行業發展

　　外國旅行業的發展可以追溯至上古時代（西元前2世紀～2世紀），羅馬人相信礦泉浴（SPA, Solus Por Aqua）可以治療疾病，此時最主要的旅遊活動就是礦泉浴，從事此活動時，會有精通各種語言的挑夫（Courier）💡隨同前往。中古時代（3～13世紀），外族入侵，西羅馬滅亡，在封建制度的規範下，許多活動都受到限制，因爲教會的關係而開始產生了宗教旅遊，例如，朝聖之旅（Pilgrimage Travel）。十字軍東征也促進了東西方文化上的交流。文藝復興時代（14～17世紀），英國的貴族青年或中產階級的子弟開始進行教育旅遊（Grand Tour），以教育爲主軸的教育旅行遊遍歐陸，演變成後來的文化旅遊（Cultural Travel）和團體全備旅遊（GIT, Group Inclusive Package Tour）。直到工業革命時代（18～19世紀），社會型態由家庭工業走向工廠生產的產業方式，改變原有社會結構，隨著交通工具日趨改善衍生旅遊方式，改變與啓發旅遊事業的萌芽。到了1841年，英國人湯瑪斯‧庫克（Thomas Cook）配合政府推出的禁酒令運動，舉辦旅遊活動，是第一個包含交通、飲食、住宿的團體全備旅遊（Package Tour）活動。1845年，湯瑪斯‧庫克正式成立「英國通濟隆公司」，被稱爲旅行業始祖、現代觀光之父。1839年，美國人威廉‧哈頓（William Harden）開設旅運公司，之後與美國運通公司合併，變成全世界最大的民營旅行社，還發行旅行支票（Travel's cheque）、信用卡（Credit card）、推動訂房制度（Space Bank）。20世紀至今，第二次世界大戰

結束後，航空工業的研發，帶來旅遊方式突飛猛進的迅速成長，而將旅遊成為大眾旅遊（Mass travel）。1985年，噴射客機啓用，大大的縮短了交通運輸的時間，加上《勞動基準法》的修訂、工時縮短、休閒活動的時間增加，旅行業很快蓬勃發展。

挑夫（Courier），未來演變成領隊，類似領隊的功能，護衛兼嚮導。

以下為外國旅行業各年發展之綜合整理：

時期	事件說明
古代時期（西元前27年～西元180年）	古羅馬帝國境內旅遊風氣大開，貴族人士更為喜愛硫磺礦泉（SPA），此時期出現「Courier」，為精通外語身強力壯的護衛，該字首開「領隊與導遊」稱呼的先河。
中古時期（3～13世紀）朝聖活動（Pilgrimages travel）	十字軍東征基督徒往東移促進歐陸東西文化交流，因此以宗教為本的生活型態出現，宗教活動衍生觀光旅遊之活動與選擇的方式。耶路撒冷成為當時基督教、回教與猶太教等三大宗教的聖地。
文藝復興時期（14～17世紀）大旅遊（The grand tour）	為古代傳統美術的革新運動，改變中古時期封建制度的解體以及探討人類由神權傾向人權的觀念，與復興人性的啓蒙。
航海發展時期（16～18世紀）	隨著海運交通運輸發展及社會環境演變，帶動觀光旅遊風潮，哥倫布航海4次發現美洲新大陸；達伽瑪發現印度航線；麥哲倫於西元1522年完成航海全世界一周。
工業革命期間（18～19世紀）	1769年英國出現以馬車為聯絡城市間的交通工具；1787年蒸汽船試航成功；1830年世上第一條鐵路——英國密德蘭鐵路（Midland railroad）完成；1845年英籍人士湯瑪斯‧庫克（Thomas Cook）成立世界上第一家旅行社，建立領隊導遊制度、海外訂房服務、發行周遊券，後人尊稱為「旅行業的鼻祖」。

時期	事件說明
現代大眾旅遊（20～21世紀）大眾旅遊（Mass travel）	1963年美國啓用波音（Boeing）客機；1974年英、西班牙、德、法研發空中巴士（Air bus）；1976年英、法合製協和式客機（Concode）（2003年10月宣布停產）；1978年美國航空（AA）與IBM以SABRE（Semi Automated Business Research Environment）電腦訂位系統首創航空訂位的先河；1998年英國航空（BA）率先啓用電子機票；2005年1月18日載客量最多（555人）（註：一般525人，採高密度座位可載853人）的空中巴士A380，於法國西南部的圖盧茲市推出。

二、臺灣旅行業發展

我國旅行業發展相較於歐美國家來說較晚才開始。西元1915年，陳光甫先生創立「上海商業儲蓄銀行」，1927年，成立「上海商業儲蓄銀行旅行部」，爲第一家民營旅行社，一直到西元1943年，在臺北市成立「臺灣中國旅行社」。

西元1937年，由日人經營的「東亞交通公社臺灣支部」是臺灣較早的旅行業，販售當時各種交通票，包括火車票。西元1945年，臺灣光復後由鐵路局接收，改組爲臺灣旅行社，1947年，改由臺灣省政府交通處管理，成爲公營的旅行社，並擴充全臺與旅遊有關之設施、發展國際旅遊業務、推動國民旅遊等等。後來陸續出現歐亞旅行社、遠東旅行社與中國旅行社，爲臺灣最早的四家旅行社。

以下爲臺灣旅行業各年發展大事紀要：

時間（西元）	事件說明
1927	陳光甫先生成立第一家民營旅行社「中國旅行社」。
1943	中國旅行社成立臺灣分部，「臺灣中國旅行社」。
1945	東亞交通公社改組為臺灣旅行社。
1953	發布《旅行業管理規則》。

時間 （西元）	事件說明
1956	創立臺灣觀光協會（TVA, Taiwan Visitors Association），舉辦臺灣美食展、臺北國際旅展。
1964	首度導遊人員甄試。
1969	公布《發展觀光條例》。
1970	成立中華民國觀光導遊協會（TGA, Tourist Guide Association）。
1971	成立交通部觀光局。
1977	內政部訂定元宵節為觀光節。
1979	開放出國觀光、中正機場第一航廈啓用、暫停申請旅行業，造成靠行（Broker）。
1986	成立中華民國觀光領隊協會（ATM, Association of Tour Managers）。
1987	解除戒嚴，開放大陸探親。
1989	業者自行籌組中華民國旅行業品質保障協會（TQAA, Travel Quality Assurance Association）。
1990	啓用電腦訂位系統（CRS, Computer Reservation System）。
1992	實施銀行清帳計畫（BSP, Billing and Settlement Plan）。
1995	外交部發行機器可判讀護照（MRP, Machine Readable Passport）。
1998	實施隔週休二日。
2002	推動觀光客倍增計畫。宣布2002臺灣旅遊生態年。
2004	領隊、導遊人員提升為國家考試，由考選部辦理考試、觀光局受訓。
2006	訂定為2006臺灣國際青年旅遊年。觀光局訂定臺灣國際觀光行銷推廣主軸。
2007	2007臺日文化觀光交流年。
2008	2008-2009旅行臺灣年。電子機票（Electronic Ticket）取代傳統機票。
2009	世運在高雄，聽奧在臺北。

1. 靠行（Broker）：沒有自己的招牌和實體店面，僅靠承租別人的辦公桌實行與旅行業的相關業務，旅客若是購買此種旅行社的行程，風險較高，因爲他們若跑掉了，原承租給他們的旅行社也不會負責。

2.針對旅行社之航空票務作業、銷售結報、劃撥轉帳作業及票務管理等,制定各航空公司及所有旅行社採用之統一作業模式。

3.臺灣一縣市一旗艦觀光計畫、臺灣八大旗艦景點(臺北101、臺北故宮、高雄愛河、玉山、阿里山、墾丁、日月潭、太魯閣)、四大特色(臺灣美食、熱情好客、夜市、二十四小時旅遊環境)、五大主軸(臺灣慶元宵、宗教主題、客家主題、原住民主題、特殊產業活動)。

第二節　旅行業的定義、類別及經營概念

一、觀光(Tour)字彙的起源

「觀光」一詞最早出現於《易經》中,《易經》觀卦六四爻辭中載有「觀國之光」;而《左傳》中有「觀上之國」該句,始有「觀國之光」稱謂。在西方國家,「觀光」最早英文直譯為Sightseeing,Sight為「風光」的意義;Seeing表示「觀賞」,將「觀賞風光」直譯為Sightseeing。到了後來,觀光英文稱為Tour;該字源自於拉丁語之「Tornus」(字義為轆轤,指畫圓圈用的轉盤)。

1881年《牛津詞典》將觀光定義為「離家遠行又回到家裡,期間參觀或訪問一個或數個地方。」

二、觀光的定義

從古至今,很多人對於觀光一詞的見解不同而陸續提出「觀光」的定義,下面整理出一些學者或組織所提出之定義:

㈠瑞士教授杭吉克(Hunziker)與克拉夫(Karph)對觀光下的定義:

「觀光是旅行或非居民停留所引起各種現象及各種關係的綜合,惟此種停留不致成為永久居留,或賺取不與任何金錢活動發生關聯。」

(二)德籍教授包爾曼（Bormanm A.）博士：「不論旅行的目的是由於休養、遊覽、商務任何一項，凡屬暫時離開其住居地旅行者，謂之觀光。」同時，包教授亦是國際青年旅舍（Youth hostel）之創建者。

(三)教授休烈恩（H. Schulern）：「觀光是一種概念，表示外來客人的進入、停留、離開某一特定地區或國家的現象，以及與此等現象有直接關係的事項，特別是含有經濟性的事項。」

(四)1991年世界觀光組織（WTO）在加拿大渥太華舉行「旅遊與觀光統計國際會議」，會中回顧、更新和擴展早期國際團體的相關工作，渥太華會議在觀光、旅客和觀光客的定義上提出一些基本建議。1993年3月4日，聯合國統計委員會採用WTO所建議的觀光統計資料。

(五)對「觀光」的概念，世界觀光組織已擺脫「渡假安排」的傳統刻板印象，接受的定義是：「觀光是人們為了休閒（Leisure）、商務（Business）和其他目的，離開熟悉的環境，去某地旅行且停留不超過一年而產生的活動。」在此，所謂熟悉的環境，是排除了在通常居住的地區之間、工作地點與住所之間，以及和其他社區中例行熟悉的短途旅程。

三、觀光的意義

　　從上述的觀光定義中，各專家學者所提出的定義都有一些共通點，而在這些定義中我們統整出下列幾點觀光的意義：

(一)是人類從事的一種空間活動，離開自己定居地到某地方作短暫停留。其目的可能是觀賞各地自然與人文景觀以體驗異國風情，或為個人充實知識以增廣見聞。

(二)觀光是一項活動（Activity），是由「環境（Envirment）」、「設施（Facility）」、「遊客（Tourist）」與「管理者（Manager）」所組成。

㈢觀光亦屬於暫時性活動，通常超過24小時以上。

㈣「觀光」二字具有主動與被動的意義，「觀」（觀賞）是主動；「光」（風光）屬被動。

四、觀光的本質

明白了觀光之意義之後，追求其本質，觀光之本質為何？

「觀光」它的本質是社會生產力發展至某個階段所產生的社會現象。當現代人的生活品質逐漸提高，工作不再是生存的唯一目標時，觀光的出現滿足了現代人類對於物質與精神生活的需求與提升，而觀光的盛行亦突顯出觀光經濟活動形成後所表現出的綜合性現象與關係。

五、觀光形成要素

首先提出觀光系統（Tourism system）三大要素的學者是美籍韋赫（S.Wahab）博士。韋赫博士認為，構成觀光活動必需具有旅客、空間和時間三大要素。而在後期有許多學者進而將觀光系統區分為觀光主體、觀光客體以及觀光媒體等三項。

韋赫博士提出構成觀光活動所需具備的三大要素：

㈠旅客：為觀光主體。由於有旅客的行為（個人喜好、體能狀況），才有觀光活動的產生。

㈡空間：指觀光資源與觀光設施。屬凡是引起旅客觀光動機（個人需求）的實體要素。

㈢時間：指花費時日與足夠的時間（目的型、流動型、停留型）方能完成觀光的活動。

後期，諸多學者再將觀光系統區分為下列三項：

㈠觀光主體：指「旅客」。由於有旅客的行為，才有觀光活動的產生。

㈡觀光客體：指「觀光資源」或「觀光設施」。屬於引起旅客觀光動機的觀光據點。例如：美國黃石公園、薩爾斯堡、新天鵝堡等。

㈢觀光媒體：指運輸業、旅館業、餐飲業、旅行業、觀光從業人員（含領隊與導遊）、觀光土產商店、觀光相關產業與觀光行銷機構……等。例如：長榮航空（BR）、EuroStar。

六、觀光的種類

觀光種類很多元，依照不同的因素，如區域、人數和目的可以區分出許多不同的種類。

㈠以區域劃分：國人赴海外觀光（outbound travel）、外來遊客國內觀光（inbound travel），與國人於國內觀光（domestic travel）。

㈡以人數區分：個人觀光（individual travel）與團體觀光（group travel）。

㈢以目的區分：

1. 娛樂觀光（Amusements tourism）：選擇個人理想之渡假地區以調劑身心，亦稱為休閒（leisure）活動。如：馬來西亞樂浪島之旅。

2. 文化觀光（Cultural tourism）：如：參與臺灣燈會、平溪放天燈、高雄內門宋江陣、鹽水烽炮等民俗活動，觀賞歷史文物，欣賞美術音樂、文化藝術、手工藝術……等。如：德國慕尼黑啤酒節。

3. 社會觀光（Social tourism）：由政府部門來規劃推行，對低收入者、殘障者、老年人、單親家庭、弱勢群體等提供的觀光旅遊活動（北歐有許多國家認為觀光渡假是屬於人類的基本人權）。

4. 特殊觀光（Special tourism）：齊集具有共同興趣旅客的旅遊活動，如朝聖之旅、高爾夫球之旅、SPA之旅、遊學之旅……等。市場稱為「特別興趣旅遊」（Special Interest Travel, S.I.T.）。

5. 生態觀光（Ecological tourism、Eco-tourism）：到自然區域屬目的型之觀光旅遊以了解實質環境，旅客自覺地不去破壞旅遊環境生態系統的完整性，使自然資源受到保護且利於永續發展。目的是希望遊客能與該標的物（如：自然保留區、野生動物保護區、自

然人文生態景觀區）間達到認知→道德規範→行為改變之最終目的。如：七股黑面琵鷺保護區。

七、觀光產業的特性

前面觀光的本質提到觀光的盛行會突顯出觀光經濟活動形成後所表現出的綜合性現象與關係，在經濟活動所出現的現象交互作用下，產生出以下六點觀光產業的特性：

㈠綜合性：觀光產業結合了交通、住宿、餐飲、娛樂及購物等各相關產業，彼此之間具有相互依賴（Interdependence）的密切關係，期以有形產品（觀光資源或觀光設施）與無形服務（服務本質：行為、績效表現與努力）來滿足旅客不同需求，因此具有綜合性的服務功能。

㈡服務性：旅客除購買觀光產品外，亦要獲得滿意的服務（包含專業知識的獲得與被尊重的感受）。一般觀光產業所提供的服務為：產品服務（product service）、場地服務（setting service）與傳遞服務（delivery service）。該三大要素亦屬於旅客經驗要素（components of the guest experience）。因此觀光產業鏈（tourism industry chain）必需持續提升觀光的服務價值（service value），以創造附加價值（added value）來滿足顧客期望（meeting customer expectations）。

㈢多角性：觀光的商品包括有形商品（如住宿、餐飲等）與無形商品（指服務、體驗與回憶）。由於觀光產業是將自然、人文資源與其他相關聯的行業相互結合，組成不同的配套行程（Package tour），讓旅客有多重選擇，以滿足不同旅客之實際需求。

㈣易變性（具敏感性、彈性）：觀光產業係以觀光旅遊服務為導向之事業，易受外在環境（如國際情勢、政治因素、經濟揚抑、科技發展與社會價值觀等）和內在環境（如治安狀況、環境衛生、疫情病變、政府政策等）影響，均直接或間接影響到觀光產業之推展，因此變化性與敏感性甚大。

㈤合作性：觀光產業的發展與推動必需賴於各相關企業間彼此密切合作，共同推展，始克奏效。因此，各類觀光產業必需透過協調連繫，發揮團隊精神，方能共謀觀光產業之發展。

㈥持續性：觀光產業是屬於無法遷移、取代與改變，並以顧客滿意為導向的產業，與一般產業有所差別，因此觀光產業必需向下落實扎根，向上力求妥善維護，方能達到永續發展的目標。

八、旅行業的定義

臺灣法令條文中對旅行業的定義有以下兩點：

㈠依據《發展觀光條例》（2011年4月13日最後修正）第2條第10款：指經中央主管機關（交通部觀光局）核准，為旅客設計安排旅程、食宿、領隊人員、導遊人員、代購代售交通客票、代辦出國簽證手續等有關服務而收取報酬之營利事業。

㈡依據《民法債編》（2000年5月5日施行）第8-1節「旅遊條文」第514-1條：

　　1.稱旅遊營業人者，謂以提供旅客旅遊服務為營業而收取旅遊費用之人。

　　2.前項旅遊服務，係指安排旅程及提供交通、膳宿導遊或其他相關之服務。

㈢依據美洲旅行業協會（American Society of Travel Agents ASTA）：旅行業乃是個人或公司行號，接受一個或一個以上之委託而從事旅遊銷售業務，以及提供有關服務者，謂之旅行業。

九、旅行業的特質

旅行業在與觀光相關產業的運作中，位於「居中結構」的地位。其服務之特質有服務性、可變性、無法儲存性、不可觸知性、不可分割性和競爭性等六大特質，茲分別說明如下：

服務性	藉人際關係、專業能力與經驗，提供服務來實踐旅客的需求。
可變性	可能因時、地或事值人力不能抗拒的環境下，得改變服務內容。
無法儲存性	因非為製造業，因此無實質產品庫存。
不可觸知性	服務品質無法預測，惟有落實遊程計畫及實踐對旅客需求的承諾。
不可分割性	必需與相關產業（航空公司、旅館、餐飲、觀光遊樂業、領隊與導遊）配合。
競爭性	無專利，易模仿且無規律化之售價與利潤準繩，亦無獨占市場可能，競爭誠屬必然。

十、旅行業與觀光產業間居中結構的特質

旅行業與觀光產業位於居中結構，夾在上游的龐大企業體系和旅客中間，為了扮演好中間協調者的角色，因而出現一些居中結構的特質：

與相關產業呈僵硬性 （Rigidityofsupply components）	上游產業為龐大企業體系，無法立即擴充以增加容量，旅行業遇旺季期間，即無法突破上游事業能夠無限供應，其短期供給的彈性較小。
需求的不穩定性 （Instability of demand）	遇有經濟揚抑、匯率起伏、政治情事、社會治安、天災病變等，均直接面臨衝擊。
需求的彈性 （Elasticity of demand）	旅遊產品多元化，旅客可依個人能力選擇自己喜愛的旅行據點與旅行方式。
需求的季節性 （Seasonality of demand）	隨自然與人文季節享受獨特的旅遊樂趣。隨淡旺季節調整旅遊服務的內容。
專業性 （Professionalism）	從業人員需具備專業知識與掌握時勢，來處理旅客的需求。
整體性 （Inter-related）	需整合國際間共同參與運作的相關人員的智慧與經驗，群策群力，完成為旅客全方位服務之職責。

十一、我國旅行業經營分類

然而，依據《旅行業管理規則》第2條：旅行業區分為綜合、甲種與乙種等三種。並依據《發展觀光條例》第27條，訂定其業務範圍為：

類別	綜合旅行業	甲種旅行業	乙種旅行業
依法令解釋	1.接受委託代售國內外海、陸、空運輸事業之客票，或代旅客購買國內外客票、託運行李。 2.接受國內外觀光旅客安排旅遊、食宿及導遊。 3.接受旅客委託代辦出入國境證照手續。		1.接受委託代售國內海、陸、空客票或代旅客購買國內客票，託運行李。
	經中央主管機關核定與國外及國內旅遊有關之事項		國內旅遊有關之事項
	4.以包辦旅遊方式或自行組團安排旅客國內外觀光旅遊、食宿及有關服務。 5.委託甲種旅行業代為招攬上項業務。 6.委託乙種旅行業代為招攬國內團體旅遊業務。 7.代理國外旅行業，辦理聯絡推廣與報價等業務。 8.設計國內外旅程，安排導遊或領隊人員。 9.提供國內外旅遊諮詢服務。	4.自行組團安排旅客出國觀光旅遊、食宿及有關服務。 5.代理綜合旅行業招攬業務。 6.設計國內外旅程，安排導遊或領隊人員。 7.提供國內外旅遊諮詢服務。	2.接待本國觀光旅客國內旅遊、食宿及提供有關服務。 3.代理綜合旅行業招攬國內團體旅遊業務。 4.設計國內旅程。 5.提供國內旅遊諮詢服務。
依營業性質區分	躉售業務 （Tour wholesaler）	直售業務 （Tour operator Retail travel agency）	國內旅遊業務 （Domestic travel agency）
	1.國人海外旅遊業務（Out-bound travel business） 2.接待海外旅客業務（In-bound tour business） 3.國人國民旅遊業務（Local excursion business） 4.代辦海外簽證業務中心（Visa Center V/C） 5.機票躉售業務（Ticket Center → Ticket Consolidator, T/C） 6.代訂海外旅館業務中心（Hotel reservation center） 7.航空公司總代理（General Sales Agent, G.S.A.）		1.國內機票票務中心（Domestic ticket center） 2.國內旅館訂房中心（Domestic hotel reservation center） 3.國民旅遊及有關業務（Local excursion business）
	國外旅行業在臺代理業務 （Grand tour operator）	甲種旅行社業不得辦理代理國外旅行業聯絡推廣與報價等業務。	

十二、旅行業經營模式

旅行業目前分為下列四種經營模式：

躉售旅行業 （Tour wholesaler）	以專業人力配合整體規劃的組織系統，設計易於控制及符合大眾旅客需求的現成遊程（Ready made tour），以量化方式包辦同業旅客，並訂定團體名稱，形成定期出發的團體全備旅遊（Group Inclusive Package Tour, G.I.T.），以達到供應商標準後依量化獎勵（volume incentive）獲利。
遊程承攬業 （Tour operator）	以公司品牌研擬精緻化遊程，透過行銷通路採直售方式（Director Sale D.S.）招攬客戶，以優質服務建立公司形象，並可為旅客規劃如考察、會議，訪問或特別興趣遊程（Special Interest Tour S.I.T.）等團體運作，或同業間以策略聯盟（Strategic alliance）採Package（PAK）方式運作。
零售旅行業 （Retail travel agency）	主要業務針對海外個別旅客（Foreign Individual Traveler F.I.T.）的需求代辦出國手續、代購機票、代訂旅館等對旅客作最直接與客製化（customization）的服務，是目前旅行社市場上數量最多的旅行業。
特殊旅行業 （Special Travel Agency）	1.獎勵公司（Incentive Travel Planner）： 業務性質為協助客戶設計規劃或執行公司支付或補貼費用之獎勵旅遊（Incentive Tour），以達激勵員工或回饋顧客的效果。 2.會議規劃公司（Convention / Meeting Planner）： 安排前往外地以會議規劃或員工訓練的專業旅行業。

十三、旅行業之組織結構及功能

旅行業的組織結構係依據其營業性質區分出各有不同之配置，如以遊程躉售業務為主之旅行社，由於需要專業經營，因此服務功能傾向「專職分工整合化」；而經營遊程承攬業務或零售業務為主之旅行社，由於產品多元且具精緻服務，因此服務功能傾向於「產（品）銷（售）合一制」。目前旅行社組織因人力資源關係已逐漸呈現扁平化，因此將重點放在產品與銷售兩部分。

產品部：

中文職稱	英文職稱	職責功能
遊程企劃	Tour Planner T/P	研擬在市場定位（position）之遊程，並應市場需求持續修正與調整。
線控	Route Control R/C	對擬定之路線與相關產業取得資源配合，落實本線旅遊產品運作。
團控	Tour control	執行各團體之證照、航班與相關單位之連繫及確認，並隨時追蹤。
控團	Operationist O/P	掌握該團參團旅客之作業進度，了解旅客之性質，連繫相關事宜。

銷售部：

中文名稱	英文名稱	職責功能
直售	Director Sale D/S	針對個別旅客或團體旅客的需求來推展，對旅客作直接的銷售與追蹤。
批售	Wholesaler	針對下游旅行社之業務推廣與處理，協助該旅行社完成對旅客的承諾。
商務部	Commerical dept.	針對商務旅客或自由行旅客之行程規劃與安排（代訂機位與旅館）。

十四、旅行業產品

　　旅行業對消費者提供的旅遊服務區分為：個別旅遊（Independent travel）服務與團體旅遊（Group inclusive tour）服務。

㈠海外個別旅遊（Foreign Independent Tour, F.I.T.）服務是針對旅客個人需求而設計與安排的旅遊服務，因此多以「訂製式」（裁剪式）（Tailor made）遊程的服務為主，而旅行的方式分為商務旅行、自遊行和自助旅行等三大類。

旅行方式	商務旅行（Business travel）、自由行（Independent travel）與自助旅遊（Backpack travel）等三大類。
遊程安排	多係以「訂製式」（Tailor made）的遊程服務為主。

旅客特質	1.具獨立觀念與理性的傾向。 2.不受約束且達到獨自享受之目的。 3.配合資訊與追求效率。 4.服務趨於精緻化。 5.成本反應價格售價較高，旅客不會過於計較。 6.對旅行業而言，旅客忠誠度與穩定性較高。

(二)團體旅遊（Group Inclusive Tour, G.I.T.）服務是旅行業經過市場評估，而研發適合於大眾或針對群體接受的遊程，以大量生產（取得低成本）與大量銷售（取得量化獎勵Volume incentive）之經營策略為營運目標。因此遊程規劃多係以適合大眾需求之大眾產品（mass product）為主的制式遊程（Ready made travel）服務。其團體旅遊的種類、標準與特質如下：

團體旅遊種類	觀光團體全備旅遊（Group Inclusive Package Tour）、獎勵旅遊（Incentive tour）與特別興趣旅遊（Special Interest Package Tour, S.I.T.）
遊程安排	多係以制式（Ready made）遊程或齊集固定人數之旅程服務為主。
團體旅遊標準	需有固定的標準人數（如簽約航空公司機位、旅館房數、餐廳、遊樂區與團體簽證）。
團體旅遊特質	1.價格較低，旅客實惠。 2.行前有規劃，結束可追蹤。 3.旅遊期間有專人照料。 4.團體活動緊湊，個別活動空間較小。 5.服務專業但無法做到絕對的精緻。 6.旅客水平不一，需強化教育宣導。

(三)團體旅遊種類的特質分析：

團體全備旅遊 （Group Inclusive Package Tour）	以旅行社事先訂妥之制式遊程為主。該遊程傾向於大眾化與標準化（standardization）。
獎勵旅遊 （Incentive tour）	1.以激勵員工或回饋消費者為誘因的旅遊方式。 2.產品立意鮮明，旅客背景與目標清晰，行程富彈性、預算充足。

特別興趣團體旅遊 （Special Interest Package Tour）	1. 旅行業經過市場區隔後，以整合對某些特定活動具有興趣之旅客為滿足其需求而規劃的主題旅遊（Theme travel）。 2. 行程有特定主題、旅客素質平均、品質與服務性較高。 3. 銷售市場較團體全備旅遊低，定期出團量不大。

十五、旅行業的遊程規劃

　　遊程是旅行業主要商品，旅行業遊程包括：海外遊程、接待來臺旅客遊程與國民旅遊遊程等三大類。遊程必先經過精密規劃，提供旅客安全舒適與充實的內容，並與交通工具、食宿與遊覽等相關單位的配套而為之。遊程依照下列不同因素而有不同的區分方式：

㈠以規劃主導分為現成遊程（Ready made tour）與訂製式遊程（Tailor made tour）兩大類。

㈡以時間長短分為市區觀光遊程（City tour）、夜間觀光遊程（Night tour）、市外遊程（Excursion）與套裝遊程（Package tour）等。

㈢以交通工具區分為飛機Fly／巴士Driver（Car rental租車）、飛機（Fly）／巴士（Driver）／火車（Train）、遊輪遊程（Cruise tour）。

㈣以服務內容分為全備遊程（All inclusive package tour）、獨立遊程（Independent tour）、自費遊程（Optional tour）、團體備領隊（Escorted tour）、團體無須備領隊（Unescorted tour）、購物遊程（Shopping tour）及無購物遊程（No shopping tour）。

　　遊程設計者（Tour Planner T.P.）設計原則為：以安全為首要考量、背景旅客設定以配合市場行銷、認識旅遊國家環境與遊程選擇、掌握遊程配套的基本原素、衡量行銷能力爭取市場定位與應變能力。

十六、旅遊相關資訊

旅客在出國時需具備及注意事項：

1. 護照（Passport）是每人出入本國或他國必備之證件，也是給予持有人能夠合法通過各國境時證明個人身分的文件。臺灣已使用晶片護照。

2. 凡我國人出國可逕向「外交部領事事務局」臺北、臺中、高雄與花蓮四個辦事處申請。

3. 目前外交部領事事務局核發的護照為「機器可判讀護照」（Machine Readable Passport, M.R.P.）。

4. 我國護照申請人，其護照自核發日起，3個月內未經領取者，外交部或駐外使館即予以註銷其護照。

5. 中華民國護照區分為外交護照（有效期5年）、公務護照（有效期5年）、普通護照（一般國人有效期為10年；未滿14歲者有效期5年；役男有效期3年）。護照過期不得延期。

6. 接近役齡之標準為年滿16歲當年1月1日起至屆滿18歲當年12月31日止。

7. 役男之標準為年滿18歲翌年1月1日起至屆滿40歲當年12月31日止。

8. 在學役男經核准緩徵（約20歲至23歲），出國觀光需經「內政部警政署入出境管理局」申請出境核准，每次期限各為4個月。如未在學役男，因奉派代表國家出國比賽，其在外停留最長不得超過4個月。

9. 護照在國內遺失，應親向遺失地或戶籍地之警察機關申報遺失；若在國外遺失，應先向當地（遺失地）警察機關辦理報失手續，並取得遺失證明。

10. 役男出境就學之最高年齡為：大學至24歲、研究所碩士班至27歲、博士至30歲。

11. 簽證（Visa）是指本國政府發給持外國護照（或旅行證件）人士，合法進出本國的證件。

12. 我國簽證種類為：外交簽證（Diplomatic visa）、禮遇簽證（Courtesy visa）、停留簽證（Visitor visa）（屬短期簽證；在臺停留在180天以內）、居留簽證（Resident visa）（屬長期簽證；在臺停留在180天以上）。

13. 持居留簽證人士，入境後15日內應逕向居住縣市警察局申請「外僑居留證」（Alien Resident Certificate, ARC）。

14. 我國對落地簽證核發之標準為：護照至少6個月以上、需持有回程或次一站機（船）票或購票證明及次一目的地之有效簽證。入境時持「臨時入境許可單」（Temporary Entry Permit, TEP）入境，3天內憑單至外交部領事事務局換發正式簽證。

15. 我國免簽證之停留期限為30天，落地簽證停留期限為30天。

16. 國際實務上簽證分為：移民簽證（Immigrant visa）、非移民簽證（Non-immigrant visa）、個人簽證（Individual visa）、團體簽證（Group visa）、單次入境簽證（Single entry visa）、重入境簽證（Re-entry visa/Double entry visa）、多次入境簽證（Multiple visa）、落地簽證（Grand upon arrival visa / landing visa）、免簽證（No visa / visa free）、過境簽證（Transit visa）、過境免簽證（Transit without visa ,T.W.O.V.）、登岸證（Shore pass）、登機許可（O.K. Board）、申根簽證（Schengen visa）與電子簽證（Electronic Travel Authority ,ETA / Machine Readable Visa, M.R.V.）。

17. 申根公約國自2001年3月25日起由10國增為15國，即比利時、荷蘭、盧森堡、法國、德國、西班牙、葡萄牙、奧地利、義大利、希臘、丹麥、瑞典、挪威、芬蘭及冰島。2007年12月21日起捷克、匈牙利、波蘭、斯洛伐克、拉脫維亞、愛沙尼亞、立陶宛、馬爾他、斯洛維尼亞9國正式成為申根公約會員國，瑞士自2008年12月12日起正式實施申根公約，共25國。目前申根公約實施範圍僅及於3個月以下之一般人士旅遊簽證，原則上凡條件符合者，可一證照通行25國，但亦非毫無限制，一體適用，各當事國政府仍得視特殊情況保留若干行政裁

量權。

18.國人申請美國移民簽證，均送往美國在臺協會（American Institute in Taiwan, AIT）申請。

19.美國非移民簽證中最普遍的簽證為：B-1（商務簽證）與B-2（觀光旅遊簽證）。目前得享受此二項免簽證之平等互惠原則。

20.美國移民簽證分為：近親類（無名額限制）、家庭類、就業類及特殊類等4類移民簽證。

21.Passport、Visa、Ticket是出國必備證件，因此P.V.T.又稱為旅遊必備證件。

22.民間一般出國結匯，國人可憑個人身分證與私章直接至中央銀行指定辦理外匯業務的銀行辦理。

23.在國內經核准之公司行號或團體，及境內居住年滿20歲國民或持外僑居留證之個人，均可辦理匯出結匯與匯入結匯。

24.依規定1年內結購或結售匯款之額度為：公司或行號5,000萬美元（或等值外幣）；個人或團體500萬美元（或等值外幣）。每筆結售金額未達新臺幣50萬元之案件，除免填報「外匯收支或交易申報書」外，其結匯金額均無須計入前述之每年結匯額度內。

25.歐盟（European Union, EU）：歐盟國家為28國，分別為奧地利、比利時、保加利亞、克羅埃西亞、塞普勒斯、捷克、丹麥、愛沙尼亞、芬蘭、法國、德國、希臘、匈牙利、愛爾蘭、義大利、拉脫維亞、立陶宛、盧森堡、馬爾他、荷蘭、波蘭、葡萄牙、羅馬尼亞、斯洛伐克、斯洛維尼亞、西班牙、瑞典、英國。目前有18個會員國採用歐元（European Currency Units, ECU）為共同貨幣。

26.行政院疾病管制局對前往疫區或來自疫區旅客均必需實施接種，並簽發國際接種證明書，由於其為黃色封面，故俗稱為「黃皮書」（Yellow Book）。

27.旅客檢疫單位是「行政院衛生署疾病管制局」；動植物檢疫單位是「行政院農業委員會動植物防疫檢疫局」。

28.世界衛生組織（WHO）公布的國際檢疫傳染病為：霍亂、黃熱病、鼠疫與嚴重急性呼吸症候群（Severe Acute Respiratory Syndrome, SARS）等4類。WHO（World Health Organization）成立於1948年4月7日，總部設於日內瓦，至2013年3月計有159個會員國，我國並無加入。

29.旅遊預警（Travel Warnings）：指國家基於保護人民之責任，根據駐外使館收集在地的社會治安、政治情況、疫情、天災、戰爭或暴動等資訊，綜合研判認為有危害旅客安全或權益之虞時，適時發布警訊之機制。相關名詞有：Travel advisory（如政局不穩、戰爭、治安不佳、搶劫、罷工、恐怖分子等危害性事件）與Travel notice（如簽證手續變更或當地有大型活動，旅館客滿之輕微事件）。我國外交部領事事務局於2002年12月起建立「國外旅遊預警分級表」分為：灰色警戒（提醒注意）、黃色警戒（特別注意旅遊安全並檢討應否前往）、橙色警戒（高度小心，避免非必要旅行）與紅色警戒（不宜前往）。

30.中華民國入出境海關（C.I.Q.）規定：聯檢程序為：C.（Customs）海關、I.（Immigration）證照查驗、Q.（Quarantine）檢疫。

出境海關規定	入境海關規定
1.每一國家海關檢查項目為免稅、應稅、禁止與管制等4類物品。 2.每人攜帶現金限額為：外幣總值不得超過美金1萬元；人民幣2萬元；新臺幣6萬元（超額需報明海關申報；並且走紅線櫃臺通關）。 3.攜帶黃金出口不予限制，均必須向海關申報，若總值超過美金1萬元者，應向經濟部國貿局申請輸出許可證。 4.攜帶自用行李如非屬經濟部國貿局公告之「限制輸出貨品表」之物品，其價值以美金2萬元為限。	免稅物品： 1.雪茄25支或捲菸200支或菸絲1磅。 2.自用酒類限1公升（瓶數不限）。 　※限滿20歲之成年人始得適用。 3.農產品不得超過6公斤（水果禁止攜入）。 4.個人自用行李單一或一組之完稅價格在新臺幣1萬元以下者。 5.其他物品其完稅價格總值在新臺幣2萬元以下者。 　※入境旅客攜帶自用酒類以5公升為限。

出境海關規定	入境海關規定
5.其他如無版權物品及禁止與管制物品等。	6.貨樣完稅價格在新臺幣12,000元以下者應稅物品： (1)行李物品應稅部分之完稅價格總值以不超過每人美金1萬元為限。 (2)貨樣物料工具等總值以不超過每人美金1萬元為限。 (3)黃金進口不予限制，但均需向海關申報，若總值超過美金1萬元者，應向經濟部國貿局申請輸入許可證。 (4)攜帶外幣不予限制，若總值超過美金5000元者，應向海關申報，攜帶臺幣超過4萬元者，應向中央銀行申請核准。 (5)攜帶自用藥品入境，以6種為限。

31.我國實施落地簽證或免簽證之國家：（資料來源：外交部2013年6月）

落地簽證（停留期限30天）	免簽證（停留期限30天）
1.持效期在6個月以上護照之汶萊籍人士。 2.持效期在6個月以上護照之土耳其籍人士（2013年5月15日起生效）。 3.適用免簽證來臺國家之國民持用緊急或臨時護照，且效期6個月以上者。 4.所持護照效期不足6個月之美籍人士。	澳大利亞（Australia）、奧地利（Austria）、比利時（Belgium）、保加利亞（Bulgaria）、加拿大（Canada）、克羅埃西亞（Croatia）、賽普勒斯（Cyprus）、捷克（Czech Republic）、丹麥（Denmark）、愛沙尼亞（Estonia）、芬蘭（Finland）、法國（France）、德國（Germany）、希臘（Greece）、匈牙利（Hungary）、冰島（Iceland）、愛爾蘭（Ireland）、以色列（Israel）、義大利（Italy）、日本（Japan）、韓國（Republic of Korea）、拉脫維亞（Latvia）、列支敦斯登（Liechtenstein）、立陶宛（Lithuania）、盧森堡（Luxembourg）、馬來西亞（Malaysia）、馬爾他（Malta）、摩納哥（Monaco）、荷蘭（Netherlands）、紐西蘭（New Zealand）、挪威（Norway）、波蘭（Po-

落地簽證（停留期限30天）	免簽證（停留期限30天）
	land））、葡萄牙（Portugal）、羅馬尼亞（Romania）、新加坡（Singapore）、斯洛伐克（Slovakia）、斯洛維尼亞（Slovenia）、西班牙（Spain）、瑞典（Sweden）、瑞士（Switzerland）、英國（U.K.）、美國（U.S.A.）、梵蒂岡城國（Vatican City State）等43國旅客。

32.中華民國國民適用以免簽證或落地簽證方式前往之國家：（資料來源：外交部2013年6月）

免簽證【表示可停留天數】	落地簽證【表示可停留天數】
斐濟【120天】、關島【45/90天】、日本【90天】、吉里巴斯【30天】、韓國【90天】、澳門【30天】、馬來西亞【15天】、密克羅尼西亞聯邦【30天】、諾魯【30天】、紐西蘭【90天】、紐埃【30天】、北馬里安納群島（塞班、天寧及羅塔等島）【45天】、新喀里多尼亞【90天】、帛琉【30天】、法屬玻里尼西亞（包含大溪地）（法國海外行政區）【90天】、薩摩亞【30天】、新加坡【30天】、吐瓦魯【30天】、瓦利斯群島和富圖納群島【90天】、以色列【90天】、阿魯巴【30天】、貝里斯【90天】、百慕達【90天】、波奈【90天】（波奈、沙巴、聖佑達修斯為1個共同行政區，停留天數合併計算）、英屬維京群島【30天】、加拿大【180天】、英屬開曼群島【30天】、哥倫比亞【60天】、古巴【30天】（需事先購買觀光卡）、古拉索【30天】、多米尼克【21天】、多明尼加【30天】、厄瓜多【90天】、薩爾瓦多【90天】、福克蘭群島【連續24個月期間內至多可獲核累計停留12個月】、格瑞那達【90天】、瓜地洛普	孟加拉【30天】、汶萊【14天】、柬埔寨【30天】、印尼【30天】、寮國【14至30天】、馬爾地夫【30天】、馬紹爾群島【30天】、尼泊爾【30天】、索羅門群島【90天】、斯里蘭卡【30天】、泰國【15天】、東帝汶【30天】、萬那杜【30天】、巴林【7天】、約旦【30天】、阿曼【30天】、布吉納法索【7至30天】、埃及【30天】、肯亞【90天】、馬達加斯加【30天】、莫三比克【30天】、聖多美普林西比【30天】、塞席爾【30天】、聖海蓮娜（英國海外領地）【90天】、坦尚尼亞【90天】、烏干達【90天】、巴拉圭【90天】

免簽證【表示可停留天數】	落地簽證【表示可停留天數】
【90天】、瓜地馬拉【30至90天】、圭亞那【90天】、海地【90天】、宏都拉斯【90天】、馬丁尼克（法國海外省區）【90天】、尼加拉瓜【90天】、巴拿馬【30天】、秘魯【90天】、沙巴【90天】、聖巴瑟米【90天】、聖佑達修斯【90天】、聖克里斯多福及尼維斯【90天】、聖露西亞【42天】、聖馬丁【90天】、聖文森【30天】、加勒比海英領地土克凱可群島【30天】、美國【90天】、英國U.K.【180天】、愛爾蘭【90天】、甘比亞【90天】、馬約特島【90天】、史瓦濟蘭【30天】 安道爾、奧地利、比利時、捷克、丹麥、愛沙尼亞、丹麥法羅群島、芬蘭、法國、德國、希臘、丹麥格陵蘭島、教廷、匈牙利、冰島、義大利、拉脫維亞、列支敦斯登、立陶宛、盧森堡、馬爾他、摩納哥、荷蘭、挪威、波蘭、葡萄牙、聖馬利諾、斯洛伐克、斯洛維尼亞、西班牙、瑞典、瑞士、阿爾巴尼亞、波士尼亞與赫塞哥維納、保加利亞、克羅埃西亞、賽浦勒斯、直布羅陀、科索沃、馬其頓、蒙特內哥羅、羅馬尼亞【每6個月期間內可停留至多90天】	

※相關資訊僅供參考，有關規定仍應以各國駐我國使館或代表機構或其外交部公布者為準。

※表格為作者自行整理。

十七、我國觀光行政與組織

我國於觀光事業之管理與發展已行之有年，主要原因在於擁有一套賴以維繫之觀光行政組織，現分別就中央及地方行政體系以及各旅遊資源之主管機關和範圍介紹如下：

1. 我國中央觀光行政體系：在行政院設有跨部會的「觀光發展推動委員會」、交通部內設「路政司觀光科」與「觀光局」。

2. 臺灣各類型觀光遊憩區管理機關：

遊憩類別	涵蓋範圍	管理機關
國家公園	墾丁、玉山、陽明山、太魯閣、雪霸、金門與東沙、臺江內海	內政部營建署
國家風景區	東北角、東部海岸、澎湖、花東縱谷、大鵬灣、馬祖、日月潭、參山、阿里山、茂林、北觀、雲嘉南濱海與西拉雅等13處	交通部觀光局
國家森林遊樂區與國家自然步道系統	內洞（新北市烏來區）、滿月園（新北市三峽區）、東眼山（桃園縣復興鄉）、觀霧（新竹縣五峰鄉）、太平山（宜蘭縣大同鄉）、武陵（臺中市和平區）、大雪山（臺中市和平區）、八仙山（臺中市和平區）、合歡山（南投縣仁愛鄉）、奧萬大（南投縣仁愛鄉）、阿里山（嘉義縣阿里山鄉）、藤枝（高雄市桃源區）、墾丁（屏東縣恆春鎮）、池南（花蓮縣壽豐鄉）、雙流（屏東縣獅子鄉）、知本（臺東縣卑南鄉）、向陽（臺東縣海端鄉）、富源（花蓮縣瑞穗鄉）等18處國家森林遊樂區與全國國家自然步道系統	農業委員會（農委會）林務局
實驗森林遊樂區	溪頭森林遊樂區（臺灣大學農學院；南投縣鹿谷鄉）、惠蓀森林遊樂區（中興大學農學院；南投縣仁愛鄉）	教育部
休閒農場	福田園（臺北市）、綠世界（新竹縣）、大肚山達賴、久大生態教育（臺中市）、欣隆（南投縣）、稻香、臺大、彰化（彰化縣）、庄腳所在（宜蘭縣）、圳頭（宜蘭縣）、君達（花蓮縣）、池上（臺東縣）……等	農業委員會（農委會）
國家農場	武陵、福壽山（均設臺中市和平區）、清境（南投縣仁愛鄉）、嘉義（嘉義縣大埔鄉）、東河（臺東縣東河鄉）等5處遊憩區。原管轄之棲蘭與明池森林遊樂區（宜蘭縣大同鄉；由椰子林企業經營）、高雄農場（高雄縣美濃鄉；已更名南園休閒農場）	退除役官兵輔導委員會（退輔會第四處）

遊憩類別	涵蓋範圍	管理機關
休閒漁業區	各地休閒漁業區	農業委員會（農委會）
博物館	故宮博物院、自然科學博物館、海洋生物博物館等	教育部
高爾夫球場	新淡水、林口、鴻禧大溪、高雄澄清湖等	體育委員會（體委會）
海水浴場	2006年夏季開放以下17處海水浴場：新金山、翡翠灣、和平島、龍洞灣、龍洞南口、鹽寮、福隆、磯崎、杉原、南灣、小灣、青洲、旗津、三條崙、大安、通宵西濱、崎頂	交通部觀光局
觀光水庫	石門水庫、曾文水庫、明德與翡翠水庫等	經濟部水利署
國定古蹟	總統府、行政院、監察院、臺北賓館、臺南車站90處	文化建設委員會（文建會）
一級古蹟	八仙洞、大坌坑、赤崁樓、安平古堡、紅毛城等24處	
二級古蹟	十三行遺址、龍山寺、北港朝天宮、恆春古城等50處	縣（市）政府
三級古蹟	臺北孔廟與西門紅樓、嘉義吳鳳廟等223處	縣（市）政府
直轄市古蹟	臺北市臺大醫院、臺灣銀行、高雄市旗津國小等389處	直轄市政府
縣市定古蹟	各縣市公告之古蹟（截至2013年計有299處）	縣（市）政府
自行車道系統	全國規劃之自行車道系統	體育委員會（體委會）
國家步道系統	全國規劃之自然步道系統	農委會林務局
原住民地區	原住民各風景區	原住民委員會（原民會）
直轄市風景區	直轄市內各風景區與遊樂區	直轄市政府
特定風景區	月眉育樂世界	經濟部與長億集團合作
縣市風景區	縣市各風景區與遊樂區	縣市政府

3. 觀光推動委員會（交通部觀光局行政資訊網，2007年5月11日）

　　政府為有效整合觀光資源，自民國2002年7月10日，行政院將「觀

光發展推動小組」更名爲「觀光發展推動委員會」。依2006年6月2日《觀光發展推動委員會設置要點》，由行政院副院長擔任「召集人」，交通部部長爲「執行長」，觀光局負責幕僚作業，各部會副首長及業者與學者（7至13位）共計24至30位爲該委員會委員。

4. 交通部路政司下設觀光科（1971年7月1日），負責督導全國觀光業務及審核全國旅遊事業發展之政策與計畫。

5. 依據《發展觀光條例》第4條第1項：訂定「交通部爲主管全國觀光事務的中央機關，設觀光局」。基於法源1972年12月29日《交通部觀光局組織條例》奉總統公布後，依該條例規定於1973年3月1日更名爲「交通部觀光局」。

6. 觀光局設有企劃、業務、技術、國際、國民旅遊等5組，其業務職掌如下：

企劃組	1. 各項觀光計畫之研擬、執行之管考事項及研究發展與管制考核工作之推動 2. 年度施政計畫之釐訂、整理、編撰、檢討改進及報告事項 3. 觀光事業法規之審訂、整理、編撰事項 4. 觀光市場之調查分析研究事項 5. 觀光客資料之收集、統計、分析、編撰及資料出版事項 6. 本局資訊硬體建置、系統開發、資通安全、網際網路更新及維護事項 7. 觀光書刊及資訊之收集、訂購、編譯、出版、交換、典藏事項 8. 其他有關觀光產業之企劃事項
業務組	1. 觀光旅館業、旅行業、導遊人員及領隊人員之管理輔導事項 2. 觀光旅館業、旅行業、導遊人員及領隊人員證照之核發事項 3. 國際觀光旅館業及一般觀光旅館之建築設備標準之審核事項 4. 觀光從業人員培育、甄選、訓練事項 5. 觀光從業人員訓練叢書之編印事項 6. 觀光旅館業、旅行業聘僱外國專門性、技術性工作人員之審核事項 7. 觀光旅館業、旅行業資料之調查收集及分析事項 8. 觀光法人團體之輔導及推動事項 9. 其他有關事項

技術組	1.觀光資源之調查及規劃事項 2.觀光地區名勝古蹟協調維護事項 3.風景特定區設立之評鑑、審核及觀光地區之指定事項 4.風景特定區之規劃、建設經營、管理之督導事項 5.觀光地區規劃、建設、經營、管理之輔導及公共設施興建之配合事項 6.地方風景區公共設施興建之配合事項 7.國家級風景特定區獎勵民間投資之協調推動事項 8.自然人文生態景觀區之劃定與專業導覽人員資格及管理辦法擬訂事項 9.稀有野生動物資源調查及保育之協調事項 10.其他有關觀光產業技術事項
國際組	1.國際觀光組織、會議及展覽之參加與連繫事項 2.國際會議及展覽之推廣及協調事項 3.國際觀光機構人士、旅遊記者作家及旅遊業者之邀訪接待事宜 4.本局駐外機構及業務之連繫協調事項 5.國際觀光宣傳推廣之策劃執行事項 6.民間團體或營利事業辦理國際觀光宣傳及推廣事務之輔導連繫事宜 7.國際觀光宣傳推廣資料之設計及印製與分發事項 8.其他國際觀光相關事項
國民旅遊組	1.觀光遊樂設施興辦事業計畫之審核及證照核發事項 2.海水浴場申請設立之審核事項 3.觀光遊樂業經營管理及輔導事項 4.海水浴場經營管理及輔導事項 5.觀光地區交通服務改善協調事項 6.國民旅遊活動企劃、協調、行銷及獎勵事項 7.地方辦理觀光民俗節慶活動輔導事項 8.國民旅遊資訊服務及宣傳推廣相關事宜 9.其他有關國民旅遊業務事項

（交通部觀光局資料提供）

7. 依據《交通部觀光局組織條例》（2001年8月1日行政院核定施行）
　 訂定掌理事項如下：
　 ⑴觀光事業之規劃、輔導及推動
　 ⑵國民及外國旅客在國內旅遊活動之輔導事項

⑶民間投資觀光事業之輔導及獎勵事項

⑷觀光旅館、旅行業及導遊人員證照之核發與管理事項

⑸觀光從業人員之培育、訓練、督導及考核事項

⑹天然及文化觀光資源之調查與規劃事項

⑺觀光地區名勝、古蹟之維護及風景特定區之開發、管理事項

⑻觀光旅館設備標準之審核事項

⑼地方觀光事業及社團之輔導與觀光環境之督促改進事項

⑽國際觀光組織及國際觀光合作計畫之連繫與推動事項

⑾觀光市場之調查及研究事項

⑿國內外觀光宣傳事項

⒀其他有關觀光事項

8. 觀光局於臺北、臺中、臺南及高雄市設有「觀光局旅遊服務中心」。

9. 觀光局於桃園機場及高雄小港機場設有「國際機場旅客服務中心」。

10. 觀光局成立之「旅館業查報中心」其功能為：執行地方旅館業管理與輔導、提供旅館相關法令及辦理旅館經營管理人員研習訓練，提升旅館業服務水準。

11. 1999年7月1日起，中央政府為配合臺灣省政府組織調整，茲將原臺灣省政府旅遊局（臺中縣霧峰鄉中正路738號）併入為「交通部觀光局霧峰辦公室」。2002年8月更名為「國民旅遊組」。

12. 交通部觀光局為國內外旅客提供旅遊諮詢服務（call center）之免付費電話：0800-011765。

13. 交通部觀光局在海外城市設有12個辦事處：美國（舊金山、洛杉磯、紐約）、澳大利亞（雪梨）、德國（法蘭克福）、日本（東京、大阪）、韓國（首爾）、新加坡、馬來西亞（吉隆坡）及香港、中國（北京）。

14. 觀光局轄有13個國家風景特定區並設立管理處：（按成立先後順序排列）

⑴東北角海岸國家風景區——兜浪臺北賞鯨豚，1984年6月1日成立

> 特色：富海蝕地形（海蝕凹壁、海蝕平臺）、具有沙灘（鹽寮沙灘節）、古道（草嶺古道、淡蘭古道、三貂嶺古道）等景觀及國際海洋音樂節（臺北縣貢寮鄉）人文活動。

⑵東部海岸國家風景區——熱帶風情遨碧海，1988年6月1日成立

> 特色：秀姑巒溪泛舟、史前文化（長濱文化－八仙洞遺址）、原住民文化（阿美族、卑南族）、海底溫泉（綠島朝日溫泉）素有「山海刺身之路，高砂勇士原鄉」之稱。

⑶澎湖國家風景區——海峽明珠觀光島嶼，1995年7月1日成立

> 特色：平緩的方山地形（玄武岩自然景觀）、雙心石滬（築石牆捕魚）、曲折海岸線（岩礁海岸、海崖海岸）、悠久歷史文化與宗教信仰（一級古蹟：西嶼西臺、西嶼東臺、天后宮）、綠蠵龜產卵棲地（澎湖縣望安鄉）、鳥類資源豐富（海鳥自然保留區）。

⑷花東縱谷國家風景區——溫泉茶香田園渡假區，1997年4月15日成立

> 特色：史前文化（舞鶴石柱）、紅葉溫泉（日治時期之溫泉鄉風情），關山親水公園（觀水、蓮花、賞鳥）、農業資源豐富（池上米、油菜花、金針花）。因位於中央山脈與海岸山脈間，放眼盡是田園與山地綠色景觀。

⑸大鵬灣國家風景區——國際潟湖渡假區，1997年11月18日成立

> 特色：具有臺灣最廣達532公頃之國際潟湖渡假區，2004年11月30日與民間（Rivett Investmen LTD, RIC）簽約，投資金額新臺幣103億，許可年限50年，為國內最大觀光遊憩建設BOT案。

⑹馬祖國家風景區——閩東戰地生態島，1999年11月26日成立

> 特色：馬祖地區屬於花崗岩島嶼，常見海蝕洞、海石崖（臺灣分布很少，僅在金門與馬祖出現），擁有獨特閩東傳統部落建築（北竿之芹壁村及南竿島之津沙）、戰地風貌（南竿島之地下「北海坑道」）、鳥類資源豐富（燕鷗保護區）。

(7)日月潭國家風景區——明湖山邑伴杵香，2000年1月24日成立

> 特色：日月潭位於臺灣地理中心，群山環繞，是臺灣第一大湖泊。Lalu島（邵族祖靈聖地）、完整多元的自然步道系統（松柏崙、大竹湖、水蛙頭、慈恩塔、水社大山、貓嶼山與涵碧樓等自然步道）、傳統柴燒窯（水里蛇窯）。

(8)參山國家風景區——獅頭客、梨山果、八卦鷹休閒區，2001年3月16日成立

> 特色：指獅頭山（客家文化、客家擂茶、北埔東方美人茶）、梨山（盛產溫帶水果聞名，有臺灣花果山之稱），與八卦山（八卦鷹－灰面鵟、自行車道系統），是國內經營範圍呈跳躍式規劃的國家級風景區。

(9)阿里山國家風景區——高山青、澗水藍、日出、雲海攬蒼翠，2001年7月23日成立

> 特色：阿里山五奇（日出、雲海、晚霞、森林火車與阿里山神木）、櫻花季（富士櫻、八重櫻、吉野櫻）、鄒族（達邦、特富野聚落）、一葉蘭自然保留區、達娜伊谷溪中高山鯝魚（瀕臨絕種動物）、高山茶（烏龍茶與金萱茶）。

(10)茂林國家風景區——原住民、溫泉生態冒險渡假區，2001年9月21日成立

> 特色：溫泉（多納溫泉、寶來溫泉、不老溫泉、少年溪溫泉）、瀑布（涼山瀑布、瑪家瀑布群、情人谷瀑布、美雅谷瀑布）、紫蝶幽谷（端葉斑蝶、斯氏紫斑蝶、小紫斑蝶、圓翅紫斑蝶等4種）等自然景觀、賽嘉航空公園（三地門鄉賽嘉村），並有客家（六龜鄉）、布農族與鄒族（桃源鄉）、排灣族（三地門鄉與瑪家鄉）及魯凱族（茂林鄉與霧臺鄉）石板屋等原住民的人文資源。

(11)北部海岸與觀音山國家風景區——觀景賞石，2002年7月22日成立

> 特色：富貴角風稜石地景（北海岸風蝕作用）、野柳地質公園（女王頭、豆腐岩等名列世界級自然遺產）、富基漁港（花蟹、石蟳聞名全臺）、國際風箏節（臺北縣石門鄉）、藍色公路（沿線包含整個北海岸與東北角海岸）、觀音山（凌雲寺、凌雲禪寺）。

⑿雲嘉南濱海國家風景區——內海溼地生態旅遊，2003年12月24日成立

> 特色：沙洲（外傘頂洲）、溼地（嘉義鰲鼓、臺南七股）、鹽山（七股長白山）、臺江內海的開臺歷史古蹟、黑面琵鷺棲地保護區（臺南縣七股鄉曾文溪口七股溼地）。

⒀西拉雅國家風景區——山水遊憩、古蹟民俗，2005年11月26日成立

> 特色：一座典型的水庫國家風景區（七水庫：曾文、烏山頭、白河、尖山埤、虎頭埤、鹿寮與鏡面7座水庫）、史前文化（臺南縣左鎮鄉化石遺蹟）、平埔族文化（臺南縣最大的平埔族－西拉雅族）、泥岩惡地地形（草山月世界）、關仔嶺溫泉區（泥火山－黑色溫泉）及豐富農特產資源。

15. 我國觀光行政組織：（交通部觀光局行政資訊網；資料更新日期：2013年6月）

⑴觀光事業管理之行政體系，在中央係於交通部下設路政司觀光科及觀光局；另5直轄市及縣（市）政府亦設置有觀光單位，專責地方觀光建設暨行銷推廣業務。

另為有效整合觀光事業之發展與推動，行政院於2002年7月24日提升跨部會之「行政院觀光發展推動小組」為「行政院觀光發展推動委員會」，目前由行政院指派政務委員擔任召集人，交通部觀光局局長為執行長，各部會副首長及業者、學者為委員，觀光局負責幕僚作業。

在觀光遊憩區管理體系方面，國內主要觀光遊憩資源除觀光行政體系所屬及督導之風景特定區、民營遊樂區外，尚有內政部營建署所轄國家公園、行政院農業委員會所轄休閒農業及森林遊樂區、行政院退除役官兵輔導委員會所屬國家農（林）場、教育部所管大學實驗林、經濟部所督導之水庫及國營事業附屬觀光遊憩地區，均為國民從事觀光旅遊活動之重要場所。

⑵依據《發展觀光條例》第3條訂定：觀光主管機關：在中央為交通

部；在地方為縣（市）府政。因此無論市與縣政府均設有地方觀光主管機關。

16.臺灣古蹟：根據中華民國文化資產保存法規定，古蹟分為3種，分別為國家古蹟【一級古蹟】、直轄市古蹟【二級古蹟】及縣市級古蹟【三級古蹟】。由於臺灣的城鎮發展由臺南（臺灣府城）及臺北（艋舺）開始，所以兩地的古蹟數量均超過百處，新竹（竹塹）則曾是清代淡水廳的廳治，澎湖（平湖）為海峽船隻往來的必經地，於是有燈塔碉堡等建築，基隆（雞籠）與彰化鹿港都曾經是商貿鼎盛的港口，因此古蹟亦不少。

⑴臺灣的國定古蹟：（根據中華民國《文化資產保存法》訂定計有90處）

槓子寮砲臺（基隆市）、總統府、行政院、監察院、國立臺灣博物館、臺北賓館、菸酒公賣局、司法大廈、嚴家淦故居（以上均在臺北市）、新竹火車站、新竹州廳（新竹市政府）、臺南火車站、鳳鼻頭遺址（高雄縣林園鄉）、馬公金龜頭砲臺、馬公風櫃尾荷蘭城堡、湖西拱北砲臺（澎湖縣）……等90處。

⑵臺灣的第一級古蹟：（2003年根據中華民國《文化資產保存法》訂定計有24處）（按創建年代依序排列）

八仙洞遺址（臺東縣長濱鄉）、大坌坑遺址（臺北縣八里鄉）、圓山遺址（臺北市中山區）、卑南遺址（臺東縣臺東市）、澎湖天后宮（澎湖縣馬公市）、安平古堡（臺南市）、淡水紅毛城（臺北縣淡水鎮）、赤崁樓（臺南市中區）、大天后宮（臺南市中區）、臺南孔子廟（臺南市中區）、五妃廟（臺南市中區）、祀典武廟（臺南市中區）、西嶼西臺（澎湖縣西嶼鄉）、鳳山舊城（高雄市左營區）、彰化孔子廟（彰化縣彰化市）、鹿港龍山寺（彰化縣鹿港鎮）、邱母節孝坊（金門縣金城鎮）、金廣福公館（新竹縣北埔鄉）、二沙灣砲臺（基隆市中正區）、王得祿墓（嘉義縣六腳鄉）、億載金城（臺南市安平區）、八通關古道

（南投縣竹山鎮）、臺北府城（臺北市）、西嶼東臺（澎湖縣西嶼鄉）等24處。

(3)至2013年，中華民國的古蹟共有778處，分別為：國定古蹟90處、直轄市定古蹟389處、縣市定古蹟299處。

17.我國重要之民間觀光組織如以下所列計有：

(1)臺灣觀光協會（Taiwan Visitors Association，簡稱TVA）

(2)中華民國觀光導遊協會（Tourist Guide Association Republic of China，簡稱TGA）

(3)中華民國觀光領隊協會（Association of Tour Manager R.O.C.，簡稱ATM）

(4)中華民國旅行業經理人協會（Certified Travel Councilor Association R.O.C.，簡稱CTCA）

(5)中華民國旅館事業協會（Hotel Association of Republic of China，簡稱HARC）

(6)臺北市旅館商業同業公會（Taipei Hotel Association）

(7)臺北市旅行商業同業公會（Taipei Association of Travel Agents，簡稱TATA）

(8)中華民國旅行業品質保障協會（Travel Quality Assurance Association R.O.C.，簡稱TQAA）

中華民國旅行業品質保障協會入會基金一覽表

類別	永久基金	聯合基金	最高代償金
綜合旅行業總公司	10萬元	100萬元	1,000萬元
綜合旅行業分公司	分公司無須繳納	每增加一間3萬元	30萬元
甲種旅行業總公司	3萬元	15萬元	150萬元
甲種旅行業分公司	分公司無須繳納	每增加一間3萬元	30萬元

類別	永久基金	聯合基金	最高代償金
乙種旅行業總公司	新臺幣12,000元	6萬元	60萬元
乙種旅行業分公司	分公司無須繳納	每增加一間15,000元	15萬元

註：1.「永久基金」會員退會後不得領回。

2.「聯合基金」會員退會後可領回。

3. 會員確定需要賠償時，品保協會之最高代償金是「聯合基金」之10倍。

4. 中華民國旅行業品質保障協會（簡稱品保協會）的法定任務係依據《旅行業管理規則》第21條第4項規定如下：「旅遊市場之航空票價、食宿、交通費用，由中華民國旅行業品質保障協會按季發表。」

十八、國際觀光行政與組織

1. 國家觀光行政（National Tourism Administration NTA）

⑴國家觀光行政在一個國家設立的組織中，可能是一個部（Ministry）、局（Department）、祕書處或委員會（Boards）等。通常也有可能為中央政府的一個獨立部門或附屬於某個機構中，專責觀光行政業務的工作。

⑵一個國家的觀光行政（NTA）機構，可能是由中央政府指定部門或委託半官方組織，建立國家觀光組織（National Tourist Organization NTO）以負責擬訂與執行國家觀光政策，掌理國家有關觀光事業之推廣、研究、規劃、訓練與輔導等任務。

2. 國家觀光行政的型態：根據世界觀光組織（WTO）於1985年6月間針對161個國家的旅遊及觀光行政組織結構問卷調查中，顯示全球國家觀光行政（National Tourism Administration NTA）的型態有以下3類：

⑴各國中央政府授權或掌管觀光行政機構（如我國的交通部）。

⑵各國觀光行政主管機關（法律地位如我國觀光局）。

⑶各國觀光組織（如我國臺灣觀光協會、各國之政府類或非政府類觀光組織）。

以上型態並不代表每一個國家均具有上述3類之完整結構，有些國

家只有掌管機構直接辦理一切觀光的行政業務；有些國家沒有授權機構，一切觀光行政完全交由政府較低階層的機構負責；有些國家雖有掌管機構，但是由觀光組織或委託公司負責觀光行政的業務；也有些國家雖有中央授權的觀光行政機構與觀光行政主管機關，卻無設立觀光組織。

3. 國家觀光行政組織的分類：綜合上述之三種型態分析，各國觀光行政組織可分為下列之五類：

⑴有充分授權的部（Ministry）或部門（Department）：該機構的首長為中央政府內閣的閣員（職位相當於部長級）。

⑵獨立的部會或部門：屬於中央政府內的一個部門，該機構的首長為非中央政府內閣的閣員或理事長。

⑶獨立的政府機構：該機構的首長非為部長級，但其行政主管具主席級（如Presidents），直接隸屬於總理或首相（Prime、Minister）。

⑷獨立的州（State）機構：該機構的首長非為部長，但主管長官可能是州長（Chief of State）。

⑸獨立的國家機構：該機構附屬於某部之下，該部可能同時兼具掌管如交通、貿易或文化部門等之其他任務。

4. 國家觀光組織的職掌：國家觀光組織（National Tourist Organization, NTO）為掌理全國觀光行政之組織，一般職掌的工作包括：

⑴國家觀光事業發展的規劃。

⑵與觀光事業有關的各政府機構與非官方機構之間的協調。

⑶各項觀光服務的管制。

⑷觀光宣傳的規劃及執行。

以掌理國家觀光行政任務的國家觀光組織而言，雖有政府機構與半官方或非官方機構之別，但目前世界各國均將觀光事業的發展列為國家經濟建設之重要產業，成為國家的施政方針。因此，目前全國性的觀光組織絕大部分為政府機構，以落實觀光推展，僅

少部分國家屬半官方或非官方機構。

5.國家觀光組織（National Tourist Organization, NTO）沿革：

　(1)1863年，歐洲各國由於跨國郵遞增多而遭遇困擾，因此各國郵政當局率先成立「國際郵政委員會」的國際性組織，以解決郵政費率、遺失、損毀及法律等事宜。該委員會的成立，首開了國際性組織的先河。

　(2)1925年世界多國從事觀光事業之業者，於海牙成立「國際官方觀光傳播聯合會」，1947年該協會更名為「國際官方觀光組織聯合會」（International United of Official Travel Organization, IUOTO），1970年該聯合會正式納入聯合國的附屬機構，成為政府間的國際性組織，訂名為今日的世界觀光組織（The World Tourism Organization, WTO）。

　(3)國際性工商組織於第二次世界大戰後迅速發展，觀光事業也成立了許多國際組織。就國際觀光組織而言，可分為兩類：

　　①國家觀光組織（National Tourist Organization NTO）：只有國家政府才能加入會員國，（如世界觀光組織WTO、國際民航組織ICAO、聯合國教科文組織UNESCO等），因此國家觀光組織又稱為「政府類組織」。

　　②非政府觀光組織：加入會員可能為法人團體或自然人，其成員多為觀光事業之政府機構或民間之觀光事業單位，目的是促進業者間的友誼與團結（如美洲旅遊協會ASTA、國際航空運輸協會IATA等）。

6.各國觀光組織的主管機關一覽表：

國別	管理單位	中央主管機關
中華民國	觀光局（1972年成立）（Tourism Bureau）	交通部（Ministry of Transportation and Communications）

國別	管理單位	中央主管機關
美國	美國旅遊暨觀光行政局（1961年成立）（United States Travel and Tourism Administration, USTTA）	商務部副部會（Under Secretary）
加拿大	觀光局（The Canadian Government Office of Tourism, CGOT）	工商貿易部助理副部會（Assistant Deputy Minister）
英國	英國觀光指導委員會（1969年成立）（British Tourist Boards）	英國觀光指導委員會（British Tourist Boards）
法國	觀光總勤務署（Loffice National du Tourisme）（1935年成立）	
瑞士	國家觀光局（Swiss National Tourist Office）（1917年成立）	
西班牙	觀光事業署（1962年成立）	觀光宣傳部（Ministeris de Information Tourisme）
義大利	觀光局（Bureau of Tourism）	觀光育樂部
韓國	觀光局（Bureau of Tourism）	交通部（Minister of Transportation）
日本	日本觀光振興會（Japan National Tourist Organization, JNTO）	運輸省觀光部（Department of International Transport & Tourism）
香港	香港旅遊協會（Hong Kong Tourist Association, HKTA）	
新加坡	新加坡旅遊促進局（Singapore Tourist Promotion Board, STPB）	工商部

（資料來源：作者整理）

7. 國際主要觀光組織

(1) 政府類觀光組織

①世界觀光組織（The World Tourism Organization, WTO）

②國際民航組織（International Civil Aviation Organization, ICAO）

③聯合國教科文組織（United Nations Educational Scientific & Cultural Organization, UNESCO）

(2)非政府類觀光組織

①亞洲旅遊行銷協會（Asia Travel Marketing Association, ATMA）

②國際會議協會（International Congress and Convention Association, ICCA）

③國際航空運輸協會（International Air Transport Association, IATA）

④亞太旅行協會（Pacific Asia Travel Association, PATA）

⑤旅遊暨觀光研究協會（The Travel and Tourism Research Association, TTRA）

⑥世界旅行業協會（World Association of Travel Agents, WATA）

⑦世界旅行業組織聯合會（Universal Federation of Travel Agents Association, UFTAA）

⑧美洲旅遊協會（American Society of Travel Agents, ASTA）

⑨美國旅遊業協會（United States Tour Operators Association, USTOA）

⑩美洲旅遊資訊中心（United States Tourist Deta Center, USTDC）

⑪拉丁美洲觀光組織聯盟（Confederation de Organizations Turisticas de la American Latin, COTAL）

⑫國際會議局與觀光聯盟（International Association of Convention and Visitor Bureau, IACVB）

⑬亞洲會議暨旅遊局協會（Asia Association of Convention and Visitors Bureau, AACVB）

⑭世界華商觀光事業聯誼會（World Chinese Tourism Amity Conference, WCTAC）

⑮國際會議規劃師協會（International Society of Meeting Planner, ISMP）

⑯太平洋經濟合作理事會（Pacific Economic Cooperation Council, PECC）

⑰亞太經濟合作理事會（Asia Pacific Economic Cooperation, APEC）

⑱國際旅館業協會（International Hotel Association, IHA）

⑲國際公園與遊樂管理聯合會（International Federation of Park and Recreation Administration, IFPRA）

⑳國際天然資源保育聯合會（International Union for Conservation of Nature and Natural Resources, IUCN）

8.國際主要觀光組織概述如下：

觀光組織	成立時間	會址	組織背景與設立宗旨	我國是否加入該組織
WTO（世界觀光組織）	1975年	馬德里	該組織前身為「國際官方觀光組織聯合會」，基本目的為發展觀光事業，以求對經濟發展、國際了解、和平、繁榮，以及尊重人權與基本自由等有所貢獻。不分人種、性別、語文及宗教，本組織將採取一切適當的行動以達此目標。	我國於1958年仍屬WTO前身的「國際官方組織聯合會」會員。1975年改組後被中共取代我國入會，因此目前我國無加入該組織。
★PATA（亞太旅行協會）	1952年	舊金山	為一非營利性之國際觀光事業組織，會員由太平洋地區各國政府觀光機構、航空公司、旅館業、旅行業等有關單位組成。以交換經驗、加強連繫，促進亞太地區觀光事業之發展為宗旨。	1957年，我國以交通部觀光事業委員會（觀光局前身）為政府會員。1970年成立中華民國分會。
★TTRA（旅遊暨觀光研究協會）	1970年1月1日	美國鹽湖城	該協會為一國際旅遊觀光事業研究組織，原名為「旅遊研究協會」。設立宗旨在藉專業性之旅遊與觀光研究，以提供旅運業	1977年，交通部觀光局加入該協會成為政府會員。

觀光組織	成立時間	會址	組織背景與設立宗旨	我國是否加入該組織
			及觀光事業者具系統之市場行銷研究新知，從而促進旅遊事業之健全發展。	
★ATMA（亞洲旅遊行銷協會）	1966年3月9日	東京	1. 促進會員國家及地區之觀光事業。 2. 從事招徠其他地區之觀光旅客至本區域觀光。 3. 聯合全體會員協力合作，以發展本區域之觀光事業目前有6個會員國家分別為中、韓、日、泰、香港與澳門。	1. 我國觀光協會為創始會員國。1967年觀光局加入後，華航及臺北市旅行商業同業公會陸續加入。 2. 該會原名為東亞觀光協會，1999年更名為「亞洲旅遊行銷協會」。
★ASTA（美洲旅遊協會）	1931年	亞歷山大城	會員以美加境內之旅行業為主，北美地區分為18區，有30個分會；國際區域分為15區，有45個分會。宗旨為代表及保障該會旅行業會員之共同利益，便利其會員獲取有關資料及諮詢服務。	1975年成立中華民國分會，隸屬於國際區域第六區。交通部觀光局於1980年8月加入為贊助會員。
★ICCA（國際會議協會）	1962年	阿姆斯特丹	為一專業性之國際會議推廣組織，目前有會員國51國，會員約428個單位。該組織主要功能為藉會議資訊之交換，協助各會員國訓練並培養專業知識及人員，並以各種集會或年會建立會員間的友好關係。	1984年觀光局加入屬D類（觀光與會議局機構），華航、金界旅行社等隸屬亞太地區分會。
★COTAL（拉丁美洲觀光組織聯盟）	1957年4月19日	布宜諾斯艾利斯	該會於1957年在墨西哥成立，當時以13個拉丁美洲國家觀光事業組織齊集創立，總會原設於巴拿馬，	1979年10月觀光局加入為贊助會員，華航、東南旅行社、臺灣觀光協會、臺北國

觀光組織	成立時間	會址	組織背景與設立宗旨	我國是否加入該組織
			現設在阿根廷首都。設立宗旨係為促進拉丁美洲地區各旅遊業間之連繫與合作。	際會議中心、晶華與國賓飯店均為會員。
★USTOA（美國旅遊業協會）	1972年	紐約	該協會目前有正會員41個、贊助會員212個、仲會員310個。宗旨為保護消費者及旅行社免於因與會員公司業務往來所受之財物損失、教育消費者有關遊程方面知識、維持旅遊業者高水準的專業性、發展國際性旅遊業。	1989年交通部觀光局以中華民國觀光局名義加入為贊助會員，其他如金界旅行社等亦加入為會員。
★IATA（國際航空運輸協會）	1945年	加拿大蒙特婁	航協為世界各國航空公司所組織的非官方國際性組織，其宗旨為讓全世界人民在安全、有規律且經濟化之航空運輸中受益，以及增進航空貿易之發展，並研究相關問題，對直接或間接參與國際航運服務的航空公司提供合作管道。代表空運同業與國際民航組織及其他各國際性組織協調合作。	1. 華航2002年9月24日重返IATA。 2. 國內部分旅行業IATA Agency。
★IUCN（國際天然資源保育聯合會）	1948年10月	瑞士莫爾	該會係經由聯合國教科文組織及法國政府所倡導，1956年與「國際自然環境保護辦事處」合併而成。設立宗旨為維護自然生態體系及推動天然資源之合理運用為目標。每3年舉行一次會議，為一個頗具聲望之民間國際組織。	1969年12月交通部觀光局以「交通部觀光事業委員會」（觀光局前身）之名義加入會員。

觀光組織	成立時間	會址	組織背景與設立宗旨	我國是否加入該組織
★WCTAC（世界華商觀光事業聯誼會）	1969年5月6日	臺北	我國首創海外華僑商業旅遊組織。設立宗旨係增進海外各地從事觀光旅遊事業華僑之連繫與發展，以促進觀光事業成長；配合各地區觀光政策，以推展期觀光業務；鼓勵投資合作，共謀觀光事業發展；加強各地區觀光資料收集、調查、宣傳報導，並協助各地改善觀光事業。促進各地間的文化交流。	國內各大飯店及旅行社。
★WATA（世界旅行業協會）	1948年	瑞士日內瓦	成立宗旨為訂定旅行安排條件及保護旅行業會員之權利，以促進世界觀光往來。該會致力於彙編有關國際觀光事業組織之文件與宣傳資料，以供會員使用。	國內部分旅行社加入為其協會會員。
★IHA（國際旅館業協會）	1946年3月	法國巴黎	該協會取代1921年創立之「國際旅館業聯盟」，成為全球性的旅館業組織。設立宗旨為釐訂有關佣金、預約及取消合約等條件和辦法；改善餐飲業之經營管理，並提高其專業知識、設備及接待技術，以提升服務品質。	國內部分觀光旅館加入為其協會會員。
ICAO（國際民航組織）	1944年12月7日	加拿大蒙特婁	依據《國際民用航空公約》而成立的官方國際組織，目前已有104個國家加入，屬聯合國的附屬機構之一。組織設立宗旨為謀求國際民間航空之安全	1971年我國退出聯合國後，也同時退出了ICAO。

觀光組織	成立時間	會址	組織背景與設立宗旨	我國是否加入該組織
			與秩序、謀求國際航空運輸在機會均等之原則下，能保持健全的發展與經濟的營運、鼓勵開闢航線，興建及改善機場與航空保安措施。	
UNESCO（聯合國教科文組織）	1946年11月4日	法國巴黎	透過教育、科學及文化促進各國間合作，對和平與安全做出貢獻，以增進對正義、法治及聯合國憲章所確認之世界人民不分種族、性別、語言或宗教均享有人權與基本自由之普遍尊重。	屬於聯合國附屬的專門機構之一，截至2000年，會員國有188國。我國退出聯合國後，也同時退出了UNESCO。

★表示我國有加入該國際組織

9. 我國交通部觀光局參與之組織：

　(1)亞洲旅遊行銷協會（ATMA）

　(2)亞太旅行協會（PATA）

　(3)美洲旅遊協會（ASTA）

　(4)國際會議協會（ICCA）

　(5)美國旅遊業協會（USTOA）

　(6)旅遊暨觀光研究協會（TTRA）

　(7)拉丁美洲觀光組織聯盟（COTAL）

　(8)國際觀光與會議聯盟（IACVB）

　(9)國際會議規劃師協會（ISMP）

　(10)亞太經濟合作理事會（APEA）

第三節　旅行業現況

一、臺灣

　　旅遊產業日益發展，形成世界各國無不積極投入加強觀光資源開發及行銷活動之宣傳，以吸引更多國內外之旅客。旅行業是觀光市場行銷鏈之中重要的一環節，屬於仲介的角色地位，對旅客提供旅遊相關的服務，並滿足觀光客的旅遊需求。隨著臺灣經濟的變化，旅遊人口的遞增，長期以來對觀光旅遊的發展上有一定程度的貢獻與重要性。

　　但是這幾年來旅行業受到衝擊，像是「臺灣921大地震」、「美國911攻擊事件」、「美伊戰爭」、「峇里島爆炸」、「SARS」等事件，以及「禽流感」疫情，無法預期危機發生時間，對於旅行業之經營管理影響非常大。故未來臺灣的旅行業如何能在脆弱的觀光旅遊產業中發展，勢必要能針對會面臨旅客減少之窘境的課題。

　　旅行業在觀光事業中處於一個居中媒介之地位，無法單獨完成基本產品之製造和生產，會受到上游事業體，如交通事業、住宿業、餐飲業、風景區資源和觀光管理單位等因素的影響。其次也受到行業本身行銷通路和相互競爭之牽制，而外在因素如政治的現況、經濟的發展、社會的變遷和科技的進步，均塑造出旅行業的特質。然而，面對兩岸直航之影響已遭受改變。

來源：臺灣旅行業經營現況分析 唐受衡
http://travelec.travel.net.tw/eWeb_ctstudy/Travelec/pc2020v5/forum/TitleList1.asp?id
　　=27&TITLE=&UPD_EMP=manager

二、全球化之旅遊（Globalization）

　全球化之未來

　　旅遊業未來的發展有四個主題：多元化、國際化、標準化和電腦化。

　　外國之旅遊業發展起源於飄洋過海的探險家，透過海中冒險，歷

經各種探索，整個世界不再渺小，地球上的種種奇觀異景漸漸被發掘出來。經濟活動的蓬勃，也改變了人類對休閒與旅遊活動的需求。交通工具的改善之後更縮短了世界各地之間的距離，尤其自1960年代以來，長程噴射客機的問世，似乎將整個世界形成天涯若比鄰，皆可於四十八小時內達到想前往的世界各地去。

隨著國際局勢和解，資訊網路科技迅速發展，觀光旅遊活動頻繁往來，觀光事業的發展態勢儼然成為全球經濟活動的主流之一。以往難得外出的活動，成為經常性的必要活動，一般人對生活上的旅遊規劃與安排，更突顯在休閒等方面的重視。

個案探討

壹、美國運通公司

一、公司簡介

公司名稱	臺灣美國運通國際股份有限公司
業務範圍	提供臺灣消費者高品質的信用卡、旅行支票與旅遊相關服務
執行長	唐偉材
產品	(1)美國運通簽帳綠卡、金卡、白金卡、企業卡、信用卡藍卡、金卡、商務卡綠卡、金卡、美國運通新加坡航空KrisFlyer信用金卡、美國運通長榮航空簽帳白金卡 (2)美國運通特約商相關服務 (3)美國運通旅行支票相關業務 (4)旅遊相關服務

二、薪資待遇與福利制度

(一)福利制度

　　1.員工享全民健保、勞保、團保，每年健診、退休辦法。

2.本人及配偶免費美國運通信用卡，旅遊折扣及員工福利委員會
　　　各項補助與康樂活動。

㈡休假制度

　　1.試用期滿後員工可享年假。

　　2.週休二日、國定假日及紀念日均放假或享有特別補假。

㈢教育訓練

　　實習生於報到之後，公司會安排1天的新人教育訓練，內容包含公
　司介紹、公司政策與規範訓練及工作內容指導。之後會視工作需
　要安排在職訓練，公司專人負責安排各項訓練如工作技巧、長期
　生涯發展、國內外特殊訓練，由公司依需要負擔費用。

㈣薪資制度

　　1.薪資依各職等計酬，每年考績評等後，依考核結案調薪。

　　2.每年固定加發兩個月底薪之年終獎金。

　　3.業務專員另加業績獎金、交通津貼。

　　其餘參考資料，請見美國運通公司官網

課後問題

1.你認為美國運通之行銷策略（4P）如何？

2.你認為美國運通之人資管理（HRM）如何？

貳、黃石國家公園

　　黃石國家公園（Yellowstone National Park）原為印地安人的狩獵
區，位於美國的蒙大拿（Montana），懷俄明（Wyoming）與愛達荷
（Idaho）三州交界，於1872年成立，是全世界第一個國家公園，有
「世界瑰寶」之稱，約臺灣的四分之一大。

　　千萬年來的火山爆發在黃石的中心形成巨大的火山口，巨大的爆發
停止後許久，火山口漸漸被填平，冰河運動更改變了它的外貌。而園內

招牌景觀的噴泉與熱泉，更說明了火山蘊釀的能量從未平息。

　　在黃石國家公園內可分為羅斯福區、黃石湖區、峽谷區、間歇泉區等4個區域。

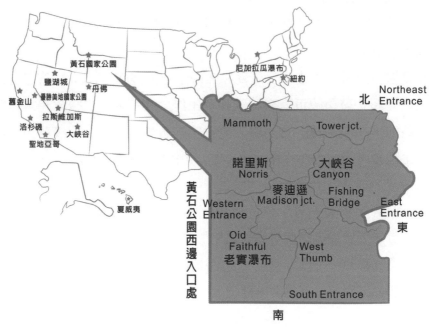

黃石國家公園地理位置

　　美國的蒙大拿（Montana）、懷俄明（Wyoming）與愛達荷（Idaho）三州交界，占地220萬英畝，黃石公園有5個入口處，以迎接來自不同方向的旅客。

　　因為固定時間忠實地噴出水來，所以叫它「老忠實溫泉」，平均大約每75分鐘就會噴發一次，每次的噴發前後約歷時3到4分鐘。可惜的是，隨著熱點移動，老忠實的噴發量變少，時間也縮短了。

　　另外，園區內還有「大稜鏡溫泉」，又稱「大虹彩溫泉」，每分鐘約湧出2,000公升泉水，是世界第三大的溫泉。反觀，臺灣最早成立之國家公園是墾丁，茲將兩座國家公園作一比較，針對面積、交通、生態作一表如下。

墾丁國家公園與黃石國家公園的比較

	墾丁國家公園	黃石國家公園
成立年	1982年	1872年
面積	33,269公頃	約83萬公頃
票價	150～450元	290～1456元
交通	汽車、大眾運輸工具	飛機、汽車
生態	陸地、海底	陸地
景觀	石灰岩、鐘乳石	地熱、噴泉、瀑布

　　墾丁國家公園為臺灣第一座國家公園，而黃石國家公園為全球第一座國家公園。兩座國家公園都各有各的特色，例如墾丁國家公園橫跨海、陸域，景觀雖然不及黃石的壯麗，卻是小而美、小而巧；黃石國家公園則以壯麗的風景聞名（如瀑布、噴泉、大稜鏡泉）。生態方面，黃石的生態因幅員廣大，蘊含的物種較大也較多（狼、熊、羊、鹿、牛），墾丁國家公園則相對的屬於小型生態（鹿、鳥、珊瑚、魚）。

課後問題
問題討論：針對兩座國家公園之比較提出看法。

第二章

航空與其他客運產業

　　兩岸直航之後，創下海峽兩岸旅遊人次之紀錄，2012年inbound旅客突破七百萬人次。

第一節　航空產業的國際組織

航空產業的發展關係著國家經濟的命脈，更是促進旅遊經濟之主要功能。無論是客運運輸（passenger transportation）、貨運運輸（cargo transportation）均是跨國運作，於是成立國際組織主管其業務就有其必要性。自1945年於加拿大蒙特婁市成立國際民航組織（International Civil Air Organization）及國際航空運輸協會（International Air Transportation Association），負起龐大又複雜的運輸業務。

國際航空運輸協會（簡稱IATA）是一個國際性的民航組織，總部設在加拿大蒙特婁。以監管航空安全和航行規則的國際民航組織相較，它更像是一個由承運人（航空公司）組成的國際協調組織，主要管理民航運輸中會出現的票價、危險品運輸……等問題。

大部分的國際航空公司都是國際航空運輸協會的成員，才能和其他航空公司共享聯程中轉的票價、機票發行等等標準。

國際民航組織（International Civil Aviation Organization, ICAO）是聯合國下專責管理和發展國際民航事務的機構。主要職責為：1.發展航空導航的規則和技術。2.預測和規劃國際航空運輸的發展，以保證航空安全和永續發展。國際民航組織是制定各種航空標準以及程序，以保證各地民航運作的一致性。國際民航組織制定航空事故調查規範，這些規範是所有會員國必須遵守的。

第二節　各國高速鐵路與火車、客運

近幾年來，世界各地高速鐵路之興建比比皆是，尤其是中國各大城市。首先讓我們先了解高速鐵路的定義：

對於「高速鐵路」這一個名詞，各國並沒有給予一個統一的定義，所以不同的組織或國家對於「高速鐵路」各有不同的標準。但近年

來大家對於高速鐵路的標準越來越趨近一致，現在世界上最為廣泛接受的「高速鐵路」定義為「最高營運達到200公里／小時或以上之速度的鐵路」。

1996年，歐盟（European Union）對「高速鐵路」提出新的定義如下：新建高速鐵路的容許速度達到250公里／小時或以上；經升級改造的高速鐵路，其容許速度達到200公里／小時，此標準現在普遍適用於歐盟成員。國際鐵路聯盟（UIC）認為，新建高速鐵路的設計速度達到250公里／小時以上；經升級改造（直線化、軌距標準化）的高速鐵路，其設計速度達到200公里／小時，甚至達到220公里／小時。因此，依據所謂的運輸工具3S理論，高速鐵路的列車不只是速度快（Speed），也會在乘坐空間加大舒適程度（Space），以及提升座艙的服務內容（Service），才能以較高的票價來服務。「狹義」上的高速鐵路是指傳統的輪軌式高速鐵路，這也是最普遍的一種理解。而「廣義」上的高速鐵路則包含使用磁懸浮技術的高速軌道運輸系統。或者在一些鐵路運輸比較落後的國家，即使列車最高營運速度僅達到160公里／小時，但同時提供了優質的服務，也可稱為「高速鐵路」。

以下為各國目前高速鐵路發展狀況：

臺灣（TAIWAN）	高鐵列車最大營運速度300公里／小時，每秒最高可加速2公里／小時，空車全編組重503噸，最大軸重14噸，供電方式為交流25KV/60Hz單相。為參考日本新幹線700系及500系列車設計，並加強車廂空調系統，針對臺灣夏季高溫潮溼的氣候，因地制宜。因應速度需求和臺灣地形因素，加強牽引電動機的馬力和煞車功率。採用比新幹線更嚴格的防火設計。
西班牙（AVE）	西班牙高鐵，混合採用法國TGV車輛系統及德國TCE供電與號誌系統，配合新關路線之興建。於1992年4月開始從馬德里至塞維亞間之商業運轉，最高營運時速訂為300公里，大大改善了西班牙中部到南部的交通情況。在引進高鐵之前，西班牙傳統上特有的旅客列車稱為Talgo，採搖擺式車體技術，最高營運速度為每小時200公里。

西班牙（AVE）	途經Ciudad Real、Puertollano及哥多華等站，每日對開15班，惟Ciudad Real及Puertollano 2站每日僅4次停靠。較原有傳統鐵路縮短100公里，採用時速達250公里以上之高速列車，車行時間也由原來7小時縮短為2個多小時。
義大利（ETR）	義大利高鐵於1988年以採用「傾斜」（Tilting）車體技術之ETR450列車，在不妨礙因高速行駛於既有半徑較小乏曲線路段，所導致乘客不適之感覺下，來達成提升運轉速度之目的，其最高營運時速可達250公里。
德國（ICE）	德國傳統鐵路之營運時速原已達200公里，在1991年配合漢諾威到烏茲堡間全長327公里及曼海姆到斯圖，全長107公里之高速運轉路線興建完成。TCR高速列車開始進行商業運轉後，其最高營運速度每小時可達280公里。德國高鐵目前正積極新建或改善原有鐵路路線，並研發新車種，以擴大高速鐵路之營運路網及提高速度。
日本新幹線	日本為世界上最早開始發展高速鐵路的國家，日本政府在1970年發布第71號法令，為制定全國新幹線鐵路發展的法律時，對高速鐵路的定義是，凡一條鐵路的主要區段，列車的最高運行速度達到200公里／小時或以上者，可以稱為高速鐵路。1964年10月，日本東京到大阪東海道新幹線開始以最高營運時速210公里進行商業運轉，成為世界上第一個高速鐵路系統。日本的高速鐵路系統以「子彈列車」聞名。新幹線也是世界上搖晃最少的列車之一。
法國（TGV）	1981年9月興建完成巴黎－里昂間之東南線，最高時速270公里，為歐洲第一條高速鐵路。其後陸續完成大西洋線、北線、地中海線等，路網已達1,542公里，並仍規劃興建計畫。TGV大西洋線列車在試運轉時，創下515.3公里／小時之世界紀錄。
美國（United States）	美國阿西樂快線（英文全名為Acela Express，但通常只稱Acela），2000年12月11日開始營運，是一條由美鐵（Amatra）經營，沿美國東北走廊的一條高速鐵路，從華盛頓特區至波士頓，途經巴爾的摩、費城和紐約。最高時速可達240公里，路線長度734公里。
中國（China）	中國鐵道部對「高速鐵路」的定義分為兩部分：既有線改造達到200公里／小時和新建時速達到200-250公里／小時的線路，在這部分線路上運營的時速不超過250公里／小時的列車稱為「動車組」，以及新建的時速達到300-350公里／小時的線路，這部分線路上運營的時速達到300公里／小時及以上的列車稱為「高速動車組」。

韓國	由韓國鐵道（Korail）營運，採用法國TGV技術，最高時速可達300公里以上。2004年12月16日，一組韓製的HSR-350X型列車，其時速達352.4公里。現今的京釜線、湖南線及京義線高鐵區段於2004年3月31日啓用，建造為時12年。其中京釜線由首爾至大邱間區段使用高速輪軌，首爾到釜山車程從260縮短至160分鐘。

第三節　遊輪及江河運輸

　　由於郵輪旅遊是近年來新興遊程，尤其是亞洲國家，特別是臺灣、香港、新加坡、上海等大都會。根據航線網站Cruise Critic.co.uk（www.cruisecritic.co.uk）推選出了全球10大巡遊航線。在當前的經濟形勢下，遊覽歐洲價格偏高，很多細碎的花費加在一起就是一筆大開銷，但順河巡遊不同，大部分費用是一次結清的，所以更容易控制預算。下面茲舉出全球10大江河郵輪航線，作為旅客出遊參考。

杜羅河（Duoro）	杜羅，從西班牙啓程，欣賞葡萄牙北部田園風光後到達葡萄牙港市波爾圖，參觀那裡的古宮殿、朝聖地、文化中心和葡萄園。可搭乘Uniworld、CroisiEurope等遊輪。
長江	可欣賞壯觀的景色，及世界最大的水利樞紐工程—三峽工程，感受中華文化的長城、紫禁城、兵馬俑……等。可搭乘維京、Avalon Waterways等遊輪。
湄公河	可遊越南、柬埔寨、泰國等東南亞古老城市、廟宇、自然景觀，享受濃郁的異國情調。可搭乘Pandaw River等遊輪。
尼羅河	沿尼羅河可訪金字塔、獅身人面像、帝王谷、拉美西斯二世神廟等古埃及遺址；與非洲大陸的野生動物近距離接觸。可搭乘Discover Egypt、Blue Water Holidays等遊輪。
羅訥河（Rhone）	可遊覽以美酒和美食著稱的普羅旺斯和法國南部。可搭乘Swan Hellenic River、French Country Waterways等遊輪。
多瑙河	從德國一路遊覽到黑海、奧地利、匈牙利、克羅埃西亞、塞爾維亞、羅馬尼亞和保加利亞。可搭乘Peter Deilmann Cruises、Viking River Cruises和Uniworld等遊輪。

萊茵河	由阿爾卑斯山流向北海，途經瑞士、德國、法國、荷蘭。萊茵河還與法國的摩澤爾河和多瑙河連通。可搭乘Swan Hellenic River、彼得·戴爾曼等遊輪。
墨累河（Murray）	可欣賞擁有上百萬年歷史的峽谷、懸崖、寶藍色的礁湖和一望無垠的紅樹林。可搭乘Blue Water Holidays、Captain Cook Cruises等遊輪。
伏爾加河	伏爾加河連結俄羅斯兩大古老的皇家城市—莫斯科和聖彼得堡。可搭乘All Russia Cruises、Uniworld等遊輪。
聖勞倫斯河	聖勞倫斯河流經美加邊界，穿過蒙特利爾和渥太華兩個加拿大最美的城市。可搭乘Titan HiTours等遊輪。

參考資料：樂途遊民部落

第四節　各國摩天輪概況

　　遊樂區或主題樂園附設摩天輪以吸引遊客已成為其行銷之目的，繼劍湖山、夢時代及義大世界皆是。然而，什麼是摩天輪？摩天輪是一種大型轉輪狀的機械建築設施，上面掛在輪邊緣的是供遊客搭乘的座艙。遊客坐在摩天輪慢慢地往上轉，可以從高處遠眺四周景色。最常見到摩天輪存在的場合是遊樂園（或主題公園）與園遊會，作為一種遊樂場機動遊戲，與雲霄飛車、旋轉木馬合稱是「樂園三寶」，但摩天輪也經常單獨存在於其他的場合，通常被用來作為活動的觀景臺使用。

　　近年來，世界各地紛紛設立摩天輪：

新加坡	新加坡摩天觀景輪，坐落在濱海中心填海得到的土地上，從摩天輪上除了可以飽覽新加坡市中心之外，還能遠眺直到約45公里外的景色。42層樓高的新加坡摩天輪的輪體直徑達150公尺，總高度達到165公尺。
中國	南昌之星，坐落於中國大陸江西省省會南昌的一個高160公尺的摩天輪，於2006年5月開始運營，建造耗費5,700萬元人民幣。
英國	英國航空倫敦眼，又稱為千禧之輪（Millennium Wheel），是世界上首座、也曾經是世界最大的觀景摩天輪，豎立於倫敦泰晤士河南畔的蘭貝斯區，面向坐擁國會大樓與大笨鐘的西敏市。

日本	天空之夢福岡，座落於日本九州福岡市西郊，是長榮轉投資的長榮瑪琳諾亞（Evergreen Marinoa）的一部分，是一個綜合了旅館、遊樂場、商店與餐廳的綜合娛樂設施，緊鄰九州地區最大的暢貨購物中心。
臺灣	1. 美麗華百樂園：是一位於臺灣臺北市中山區的大型綜合用途購物中心，是基隆河截彎取直整治計畫工程完成後、河畔新生地區域諸多新開發案之中規模最龐大者之一，於2004年開幕。美麗華百樂園是美麗華集團的關係企業之一，而設置在百貨商場建物樓頂的摩天輪，也是大臺北地區非常受歡迎的地標建築之一。 2. 統一夢時代購物中心：是一間位於高雄市前鎮區的購物中心，為全國最大座的購物商場，由統一集團於2007年時建設，頂樓有臺灣離地最高的Hello Kitty摩天輪「高雄之眼」。

個案探討

壹、長榮航空（EVA）

一、公司簡介

由臺灣航運界鉅子張榮發於1989年所創辦，其母公司為長榮集團，目前是臺灣第二大的航空公司，次於中華航空。總部位於桃園縣蘆竹鄉南崁，樞紐機場為臺灣桃園國際機場，是國內第一家民營的國際航空公司。

二、企業標誌

長榮航空的英文名稱為EVA，為長榮集團的英文名稱Evergreen的頭二字母與航空公司Airways的頭字母的併合字，拼法皆為大寫。該航空公司的標誌採用了長榮集團的標誌，並以橘色點綴。客機上的塗裝標準的長榮航空飛機塗裝採用深綠色和橙色，綠色象徵耐久性，而橙色代表技術創新，尾翼上球形標誌代表的穩定和可靠，缺一角代表著服務創新。

其餘相關資料，請參見官方網站。

貳、新加坡航空（SQ）

公司簡介

新加坡航空公司（英語：Singapore Airlines，馬來語：Syarikat Penerbangan Singapura，常簡稱爲新航，SQ）是一家新加坡航空公司，也是該國的國家航空公司。新加坡航空以樟宜機場爲基地，主要經營國際航線，在東南亞、東亞和南亞擁有強大的航線網路，並占據袋鼠航線的一部分市場。除此之外，新加坡航空的業務還有跨太平洋航班，包括以A340-500來營運的全球最長的直航航班新加坡－紐約和新加坡－洛杉磯。新航還是首個營運全球最大型的客機A380的航空公司。

新加坡航空公司的還有一些與航空有關的子公司，包括勝安航空和新加坡航空貨運，前者主要負責區域性航班和載客量較低的航班，後者是負責新加坡航空的貨運業務。另外新航還有其它航空公司的股權，例如擁有維珍航空和廉價航空公司欣豐虎航的49%股份。若以市場資本額計算，新航是全世界最大的航空公司，以人均公里收入計算，新航是全世界首15大航空公司，也是亞洲第8大航空公司，以國際航線載客量計算，新航是全球第6大航空公司。

其餘相關資料，請參見官方網站。

參、臺灣高速鐵路（Taiwan High Speed Rail, THSR）

一、高鐵公司現況

臺灣高速鐵路是臺灣第一個採取由民間興建、營運，並於特許營運期滿後，移轉給政府的民間興建營運後轉移模式的公共工程，建設成本約4,600億新臺幣。

二、高速鐵路的客運服務

臺灣高鐵目前共設置臺北、板橋、桃園、新竹、臺中、嘉義、臺南及左營等8處車站，提供西部主要城市間高速鐵路客運服務。

其餘相關資料，請參見官方網站。

肆、高雄捷運（Kaohsiung MRT）

現況

高雄市政府捷運工程局為掌管大高雄地區捷運系統規劃、監管捷運系統興建與營運的政府主管單位，高雄捷運股份有限公司是為特許36年以BOT方式承攬高雄都會區大眾捷運系統紅橘線興建與營運的單位，其中高雄捷運公司運務處負責捷運系統的營運與操作業務，包括負責規劃及監督運務相關作業、制定運務規章制度、管理計畫與運務訓練計畫的運管中心，負責捷運系統之行車調度管制、整體設施操作與監管任務的行控中心，負責電聯車駕駛業務辦理、規劃與管理的車務中心，和負責車站與旅客服務業務、規劃與管理的站務中心，以及負責運量、營收及票務處理、票證計核的票務中心。

高雄捷運系統在高雄捷運局與高雄捷運股份有限公司的合作下，讓大高雄地區的民眾在最短的時間享受捷運所帶來的便利，也讓高雄的交通邁向一新的里程。每個階層的員工均各司其職，竭盡所能地為公司貢獻與付出心力，期能讓高雄不管是在交通、城市景觀再造、各站文化特色方面，均能向上提升，讓高雄人在行的方面感受到更便利、更友善的服務，進而發展成國際級的大都會。

其餘相關資料，請參見官方網站。

伍、仁川國際機場（Ingchung International Airport）

現況

仁川國際機場位於韓國仁川市西側永宗——龍遊島上，鄰近黃海。以往，永宗島與龍遊島是兩個分離的個島嶼，在經填海造地後才合而爲一。這兩個島皆在仁川廣域市的行政範圍內，故取名「仁川國際機場」。除了藉由往來於仁川附近海港的渡輪，國道130號上連接島嶼與大陸的永宗橋亦兼負起運輸的工作，來自南韓各地如巴士等車輛皆得以自如出入機場，每整點亦有從首府首爾出發的接送巴士。此外其他次要幹道沿線亦有公車接送旅客，不論從首爾城內或城外前往機場。

而連接仁川國際機場及金浦機場的高速公路亦已啓用，爲國際及國內航班的轉機乘客提供更大的方便，2007年更有仁川國際機場鐵路連接兩個機場，及首爾地鐵第5線提供服務，2010年1月鐵路服務則會延長至首爾驛。

仁川機場在第1屆國際航空運輸協會暨國際機場協會全球機場服務品質評比中獲得「最佳服務獎」（Best in Service Award in Class）及「全球最佳機場」第2名，僅次於香港國際機場，先於新加坡樟宜國際機場。仁川亦爲國際機場協會排爲全球第一。

其餘相關資料，請參見http://www.airport.kr/chn/

陸、北京首都國際機場

現況

北京首都國際機場（BCIA）簡稱首都機場、北京機場，爲中國北京市聯外主要的國際機場，更被稱爲「中國第一國門」，同時也是中國國際航空公司的基地機場。

首都機場目前是全世界第二繁忙的機場，2012年旅客吞吐量達到8180萬人次，僅次於美國亞特蘭大國際機場。作爲歐洲、亞洲及北美

洲的核心節點，北京首都國際機場有著得天獨厚的地理位置、方便快捷的中轉流程、緊密高效的協同合作，使其成爲連接亞、歐、美三大航空市場最爲便捷的航空樞紐。

其餘相關資料，請參見http://www.bcia.com.cn/aboutus/index.shtml

課後問題

1. 未來兩岸航空市場將會緊密的發展與運作，對於未來國內航空業的經營方針是否須做調整？以及提出因應之道。
2. 近年來經濟不景氣，許多國家打出廉價航空來吸引搭機消費族群，試比較廉價航空與其他航空公司的優缺點。
3. 臺灣唯一國際機場在桃園，若馬祖賭場開幕，馬祖的航空運輸業需要有何因應對策與發展。

第二篇 住宿產業

第三章

旅館產業

第一節　旅館產業之定義

一、旅館的定義

旅館「Hotel」一詞源自法文，最早源於自拉丁語「Hospitale」。由於中古時期（十字軍東征時期；西元1096~1291年間）宗教影響，寺院巡禮之風盛極一時，故當時有供參拜者住宿之「Hospice」該字產生，此字在後期發展為「Hostel」（招待所），該些字彙都是「Hotel」的文字來源。由於旅館係提供旅客住宿與餐飲並接受「親切款待」（Hospitality）的場所，同時也是代表著是今日餐旅事業服務的精神與使命。因此「Hospitality」又稱為「餐旅服務業」。

觀光旅館業：（依據《發展觀光條例》第2條第7項）指經營國際觀光旅館或一般觀光旅館，提供住宿及相關服務給旅客之營利事業。

旅館業：（依據《發展觀光條例》第2條第8項）指觀光旅館業之外，提供住宿、休息及其他經中央主管機關核定相關業務給旅客之營利事業。

二、觀光旅館業與旅館業的差異

分類 項目	國際觀光旅館業 一般觀光旅館業	旅館業
申請設立	採許可制 （先向交通部觀光局核准始可籌設）	採登記制 （向縣市政府登記）
目的事業主管機關	1.國際觀光旅館：交通部觀光局 2.觀光旅館： 臺北市：臺北市政府交通處 高雄市：高雄市政府建設處 臺灣五都以外地區：交通部觀光處業務組	中央：交通部觀光局旅館業查報督導中心 直轄市：臺北市政府交通處 高雄市政府建設處 縣（市）：各縣市政府觀光單位

分類 項目	國際觀光旅館業 一般觀光旅館業	旅館業
適用法規	1.《發展觀光條例》 2.《觀光旅館業管理規則》 3.《旅館業管理規則》 4.建築管理、消防、衛生等相關法令	1.臺北市、高雄市、福建省旅館業管理規則（金門、馬祖） 2.建築管理、消防、衛生等相關法令
行業歸屬	特許行業	八大行業

三、旅館的產品

　　旅館業所提供的產品分為2大類：有形產品和無形產品。在有形產品中又細分為正式產品、核心產品、附屬產品和延伸產品；無形產品中則包含了旅館的經營理念和服務品質。

1.有形產品（tangible product）

正式產品 （Formal product）	提供顧客機能性、便利性、安全性、休閒性的住宿、餐飲、社交、會議與娛樂等環境和設施之產品（旅客是根據正式產品的類別與等級來選擇產品）。
核心產品 （Core product）	提供旅客個人需求：如清潔、衛生、舒適、安全與人性化設計的客房。
附屬產品 （Augmented product）	提供周邊設施服務的產品（如旅遊服務、游泳池、健身房、美容沙龍、商務中心、育樂中心、運動設施、購物中心、育嬰中心等）。
延伸產品 （Extend product）	提供旅客無限上網、健康門診、健康檢查、運動教學、精品商店街……等與旅館無直接關係之產品。

2.無形產品（intangible product）

經營理念	包括：企業文化、組織使命、商品格調、經營策略、理性管理、員工訓練與生涯規劃。
服務品質	親切周到的服務態度、專業能力、以顧客滿意為導向、建立顧客忠誠度與長期顧客關係管理。

四、旅館商品的特性

旅館所販售的客房商品和一般賣家所販賣的商品不同，舉例來說：一般的商品或食物，今天沒賣出去可以留到明天再販售，但客房卻不行，當天沒販售出去及代表當日的產能為零。因此，旅館商品的特性導致販售旅館商品比販售一般商品的條件限制更多，以下為旅館商品的特性：

供應呈僵硬性	客房、餐廳客滿時，無法立即擴充，短期供給彈性小，服務上限呈現僵硬性。
易逝性	當日客房、餐廳、宴會廳等無售出而閒置時，當日服務產能即形成易逝性。
固定成本高且資本與勞力密集	1.旅館興建所需的土地、館內設備占總投資額約80～90%。 2.人事費用、管理費用、訓練培育費用、地價稅、房捐稅、利息、折舊與維護費用等多項支出，約占總支出的60～70%間，因此旅館的平均房價約為建築成本的千分之一，其投資報酬率需靠長遠的規劃與經營。
著重實用、格調與豪華	旅館等級依建築規模大小區分，大型觀光旅館著重於建築與設施的豪華與實用性的健全設備；中、小型觀光旅館重視於精緻的格調與文化藝術的品味。
無法變動性	旅館的建築與內部設計完成後規模已呈固定，遇有環境因素產生變數時，無法改變其服務的內容，因此經營方針與服務對象的變動彈性較小。
無歇性	全年無休的服務行業，時時刻刻，分分秒秒都必須落實服務證據的管理。
信賴性	持續履行對顧客就有形產品（建築設備）與無形產品（服務品質）的承諾，以良好的形象與口碑持續服務於現有顧客或未來潛在顧客。

五、旅館的功能

旅客去住旅館不外乎就是需要有個提供住宿及餐飲的地方供他們休息，因此，旅館的主要功能就是住宿及餐飲功能。然而，現在的旅客對於渡假旅遊的品質要求提高，除了住宿及餐飲的功能外，旅客也希望旅

館能提供更多的附加功能，例如：社交、休閒、購物、娛樂和商務功能來滿足他們的需求。

1. 主要功能

住宿功能	住宿為旅館最基本的功能。為旅客提供一個「A home away from home」（家外之家）的過程、體驗與回憶。
餐飲功能	現今旅館更格外重視餐飲的設施與服務，以供房客或國內外旅客享用，就旅館功能而言，旅館的餐飲部門也是主要的營收之一。

2. 次要功能

社交功能	宴會廳（ballroom / banquet hall）可舉辦大小型會議、發表會、宴客……等。
休閒功能	如提供游泳池（swimming pool）、健身房（heath club）、美容沙龍（beauty salon）、三溫暖（sauma）等供房客、消費者或會員使用。
購物功能	旅館設有購物中心（shopping center），如精品店可供旅客購買需要的商品。
娛樂功能	如夜總會（night club）、酒吧（bar）、賭場（casino）。
商務功能	商務中心（business center）提供各種資訊服務、交通服務與商務服務（Executive Business Service E.B.S.）。

第二節　旅館產業發展史

一、古羅馬時期

最早提到旅館的西方著作是《聖經》，當時是以小間的旅舍（Inn）為主。當時的旅館大多建立在公路旁，為的是給皇帝的信差提供一個住宿的地方，所以，真正的旅館應追溯到古羅馬時代。

二、十字軍東征

西元1096~1291年期間，因宗教影響已有許多旅館產生，當時的旅

館成為平名百姓和中產階級人士的社交中心。

三、19世紀初期

隨鐵路建設發展，有許多舒適方便與創意的旅館陸續出現：

時間	事件
1829年	美國「波士頓翠門會館Boston's Tremont House」其170間房間開始提供鑰匙、衛浴設備（熱水、肥皂）與行李員服務（該旅館有當代旅館工業始祖－亞當夏娃之稱。）。
1850年	巴黎的Grand hotel首開法國旅館的先河。
1875年	舊金山皇宮旅館（The Place）提供大型會議場所。
1889年	瑞士旅館經營者凱撒（Cesar Rotz）在倫敦開設麗池飯店（London Ritz Hotel），並延伸至巴黎、紐約及其他城市。如今Ritz即代表高級豪華旅館的品牌。
1896年	華爾道夫‧奧斯卓亞（Waldort Astoria）落成於紐約，1929年因建造帝國大樓而被夷為平地，1931年時在公園大道上重建且經營迄今。

四、20世紀

旅館發展特色以商務旅館（commercial hotel）為主流。

時間	事件
1907年	1.有「美國商業旅館之父」稱謂的「奧斯沃夫‧史大拉特Ellsworth M.Statler」1907年在紐約蓋了「水牛城史大特拉飯店Buffalo Statler Hotel」（22層樓；2,200間客房）。他當時的名言是：「旅館出售的商品只有一種，就是服務」。 2.隨後「康拉德‧希爾頓」（Conrad Hilton）買下史大特拉的連鎖飯店，成為史大特拉‧希爾頓飯店（Statler Hilton），爾後經營連鎖旅館事業有成，而被譽為「旅館經營之王」（King of the Inn Keepers）。
1914-1918年	旅館的黃金時期是在第一次世界大戰（1914～1918年）後，陸續在美國成立，大型旅館值此時期漸次出現，如喜來登Sheraton（30層樓；1,500間客房）、New Yorker（41層樓；2,500間客房）、紐約華爾道夫‧奧斯卓亞Waldor Astoria（47層樓；2,200間客房）、芝加哥的Palmer House（22層樓；2,600間客房）、Conrad Hilton（23層樓；3,000間客房）等。

時間	事件
1930年	國際經濟大恐慌時期，造成豪華旅館衝擊，當時由於經濟因素帶動汽車旅館（motel）崛起，汽車旅館便成為後期旅館業經營的主軸。
1944年	第二次世界大戰（1939～1945年）後，旅館又重新復甦，此時期華盛頓有了825間房間的史大特拉飯店（Statler Hotel），隨著以希爾頓為連鎖中心的旅館，不但在美國，即使在歐洲、亞洲也有連鎖旅館的誕生。
1970年	Holiday Inn發展成為最豪華的連鎖汽車旅館（Chain motel），從此旅館業如雨後春筍，其盛況直至迄今。

五、21世紀

旅館發展特色以豪華型或具特色之商務旅館（Commercial hotel）與渡假旅館（Resort hotel）為主流。

資料來源：Willan S.Gray & Salvatore《Hotel and Motel Management》黃啓揚譯，頁5～6。品度股份有限公司2002.8.

六、臺灣旅館的發展

西元	發展過程
1956年	臺灣可接待外賓的旅館只有圓山、中國之友社、自由之家及臺灣鐵路飯店4家（臺灣光復前有專供小販或經商者歇腳處稱為「販仔間」）。
1963年	政府訂定《臺灣地區觀光旅館業管理規則》將原觀光旅館的房間提高為40間；國際觀光旅館的房間為80間以上。
1964年	統一（目前已歇業）、國賓、中泰賓館陸續成立，臺灣出現大型旅館。
1972年	臺北希爾頓飯店（2003年已更名凱撒）開幕，我國觀光旅館業進入國際性連鎖經營時代。
1974～1976年	由於民國1974～1976年間政府頒布禁建令（配合政府興建十大建設），沒有新增加旅館，旅館產生不足。
1977年	交通部與內政部兩部會銜發布施行《觀光旅館業管理規則》，明訂建築設備與標準。

西元	發展過程
1977～1981年	陸續成立兄弟、來來、亞都、環亞、福華、老爺，三德、康華、亞太（今日神旺）、高雄名人……等國際觀光旅館。尤其1978年旅館成長48.8%為最高峰（4年間臺灣地區增加了45家觀光旅館）。
1982年	來來喜來登（Sheraton）飯店與Sheraton集團簽訂連鎖業務與合作契約。
1983年	・交通部觀光局對觀光旅館實施等級區分評鑑，分為2、3、4、5朵梅花等級。 ・臺北亞都麗緻飯店成為「世界傑出旅館」（Leading Hotel）訂房系統的一員。 ・陸續成立環亞（今日盛世王朝大飯店）、富都（2007年已歇業）、福華、老爺、機場過境旅館（2007年已歇業）等。
1983年	臺北老爺酒店加盟日航（JAL Hotel Co.JHC）管理系統。
1991年	臺北君悅飯店（Hyatt）加入凱悅國際連鎖旅館體系。
1994年	臺北西華飯店加入世界傑出旅館（Leading Hotel）與Preferred Hotels 訂房系統。
1996年	臺中全國大飯店加盟日航（Nikko Hotel International NHI）管理系統。
1999年	・華泰飯店加入美麗殿管理系統。 ・六福皇宮加入威斯汀連鎖旅館系統（Westin Hotels and Resorts）。
2001年	臺北國聯飯店與德國的時尚設計飯店連鎖集團（Design Hotels）簽約，成為該集團在臺灣第一家會員。
2002年	來來喜來登飯店易主由寒舍集團接手，更名為臺北喜來登飯店（Taipei Sheraton Hotel）。
2002年	1月1日臺北希爾頓飯店退出連鎖，加入國內凱撒旅館（Caesar Park Hotel）之連鎖。
2005年	・復辦「觀光旅館評鑑」，評鑑制度改以「星級」作標誌；並以「建築設備」與「服務品質」兩部分為評鑑標準。 ・配合「觀光客倍增計畫」政策，觀光局建置都會採BOT興建平價旅館計畫與開發國際觀光渡假園區。
2006年	・9月1日臺北環亞飯店退出Holiday Inn旅館連鎖，更名「盛世王朝大飯店」（Sunworld Dynasty），新東家是仙妮蕾德國際機構，代表新資方的是Sunworld Hotels Group飯店管理公司。 ・臺北盛世王朝大飯店是Sunworld Hotels Group的第3家飯店，前兩間是2006年初在北京收購的「北京天倫王朝飯店」和「北京天倫松鶴飯店」。

第三節　旅館產業之類型

依據經濟合作發展協會（The Organization for Economic Cooperation and Development OECD）的分類，旅館種類共分成下列11種類型：

Hotel	包括：commercial hotel（商務旅館）、airport hotel（機場旅館）、conference center（會議中心旅館）、resort hotel（渡假旅館）、economy hotel（經濟型旅館）、residential hotel（長期住宿旅館）、casino hotel（賭場旅館）。
Motel	汽車旅館：便利於駕車旅行的旅客，大多數分布於高速公路沿線或郊區。
Inn	客棧：位於都市郊區，對象為旅途中休息的旅客。
B & B	提供房間與早餐：Bed and Breakfast的縮寫，最早流行於英國的住宿類型。
Parador（巴拉多）	將古老且具有歷史意義的建築改建而成的旅館，並供應三餐（如：歐洲的西班牙有一些由古老的修道院、教堂或城堡改建成的旅館）。
Youth hostel	招待所：指城鎮郊區的招待所。
Time share	分時渡假，亦稱為「渡假所有權」，表示住宿旅客擁有旅館的所有權。
Camp	營地住宿：大多設於公園及森林遊樂區，提供架設營帳及露營設備。
Health Spa	健康溫泉渡假旅館：地點於溫泉渡假區。
Private house	私人住宅：對象為海外遊學團或訪問團供學生住宿，亦稱為Home-stay。
Others	如：bungalow hotel（渡假中心的小木屋）、cabana（臨近海灘的獨立木屋）、floatel（水上流動旅館）、ranch（牧場民宿）等

一、旅館的分類

為了讓客人方便選擇符合自身需求的旅館，旅館的分類可以以旅館規模、地理位置、立地位置、住宿目的、住宿期間和其他各國特殊類型

加以分類：

(1)依旅館規模（Size）區分：美國飯店和住宿業協會American
Hotel & Lodging Association, AH & LA）對旅館規模定義，分為
大（客房數600間以上）、中（客房數150～600間）、小（客房
數150間以下）型等三種。

(2)依旅館地理位置（location）區分：

都市旅館 （city hotel）	一般而言多屬於商務旅館（business hotel），如亞都麗緻、西華等。
渡假旅館 （resort hotel）	亦稱休閒旅館，如：墾丁凱撒、阿里山賓館、日月潭涵碧樓別館等。

(3)依立地位置區分：

機場旅館 （airport hotel）	亦稱「過境旅館」，提供旅客過境、轉機或短暫停留使用。
汽車旅館 （motel）	多分布於高速公路旁或風景區附近。
車站旅館 （terminal hotel）	位於公路車站（bus terminal）或鐵路車站（rail terminal）附近。
鄉村旅館 （country hotel）	如山邊旅館（mountain hotel）、海邊或高爾夫球場附近之旅館。
海港旅館 （sea-port hotel）	在港口以客船旅客為對象的旅館。

(4)依住宿目的區分

商務旅館 （business hotel）	以國內外工商旅客為主要對象的旅館。
會議旅館 （conventional hotel）	備有容納數千人會議場地的大型旅館。
公寓旅館 （apartment hotel）	提供給長期住宿者或退休者使用之旅館，亦稱為「retirement hotel」。
療養旅館 （hospital hotel）	專供旅客休養、避暑、避寒之旅館，如溫泉旅館hot spring hotel。

(5)依旅客住宿期間區分

短期住宿用旅館 （transient hotel）	住宿於1週以內的旅客，旅客只需辦理登記，不必簽約。
半長期住宿旅館 （semi-residential）	提供住宿於1週以上，1個月內的旅客。
長期住宿旅館 （residential hotel）	旅客停留通常超過2週以上。

(6)依世界各國其他特殊類型區分

自助旅行旅舍 （backpacker's hotel）	供自助旅行者住宿之旅舍。
露營地 （campground）	設有野餐桌、燒烤架、廁所、淋浴室的露營地。
出租公寓 （condominium）	位於渡假區，提供客廳、房間、家具，供長期顧客使用。
渡假小屋 （cottage）	一般是平房或雙併小屋，每一單位有一獨立之停車場。
農莊旅舍 （farm hotel）	分為客房、小屋或單位式，租金因種類不同而異。
農牧旅舍 （guest ranch）	通常位於鄉間及渡假區，備馬匹供旅客使用，如：紐西蘭。
青年旅舍 （hostel）	隸屬國際青年旅舍聯合會的青年旅舍分布於都市或旅遊區。
渡假旅舍 （lodge）	兩層或多層之建築，一般位於渡假地區、滑雪區、釣魚區。
民宿 （private hotel）	日式民宿（minshuku）、歐式民宿（pension or guest house）。
日式旅館 （ryokan）	純日式的建築與設備，日本全國約有2,000家加入聯盟。
公寓 （service apartment）	自助式的住宿設施，設有廚具、衛浴等設施。

二、臺灣旅館的分類

　　每個國家對旅館的分類都有自己的一套分類方式，而我國觀光旅館評鑑制度係依據《觀光旅館業管理規則》第14條規定辦理。並於1984年11月暨1986年5月研訂觀光旅館等級區分評鑑標準表。1989年停止辦理後，復於2005年起復辦。

　　我國的旅館分類主要分為以下4種：

1. 國際觀光旅館International tourist hotel：經評鑑屬4、5顆星等級者
2. 觀光旅館Tourist hotel：經評鑑屬2、3顆星等級者
3. 一般旅館hotel：名稱甚多，包括旅館、賓館、飯店、客棧、別館、山莊、汽車旅館等。下列為非由觀光主管機關管理之住宿旅館：
   (1)退除役官兵輔導委員會：武陵農場、清境農場等
   (2)農業委員會林務局：如太平山莊
   (3)教育部：各地區之教師會館
   (4)國防部：各地之國軍英雄館
   (5)內政部：如警光山莊、香客大樓
   (6)救國團：如各地之青年活動中心
4. 民宿Bed and Breakfast：
   (1)民宿的定義：（依據《發展觀光條例》第2條第9款）
      指利用自用住宅空間房間，結合當地人文、自然景觀、生態、環境資源及農林漁牧生產活動，以家庭副業方式經營，提供旅客鄉野生活之住宿處所。
   (2)經營規模：
      ①以客房數5間以下，客房總樓地板面積150平方公尺以下為原則。
      ②原住民保留地、休閒農業區、觀光地區、偏遠地區及離島地區得15間以下，且客房總樓地板面積200平方公尺以下之規模經營之。

(3)申請登記（依據《民宿管理辦法》第10條）

　①建築物使用用途以住宅爲限。

　②由建築物實際使用人自行經營，但離島地區經當地政府委託經
　　營之民宿不在此限。

　③不得設於集合住宅。

　④不得設於地下樓層。

三、旅館的等級評鑑

　　旅館業的盛行讓很多公司一窩蜂的投資蓋旅館，但消費者根本不清
楚哪家旅館是符合他們的需求並可以讓消費者安心去住，因此，政府和
一些國際組織開始評鑑各地區的旅館並給予他們等級評分，讓消費者可
以更清楚的依照自己的需求選擇住宿的旅館。

1.旅館等級評鑑之目的：

　(1)國際標準（International Standardization）

　(2)消費保護（Consume protect）

　(3)品質管制（Quality control）

　(4)市場區隔（Market segmentation）

2.各國旅館等級評鑑：每個國家對於旅館的評鑑方式都不大相同，以下
　爲大家整理臺灣和其他4個歐美國家的旅館評鑑標準。從表格可以清
　楚知道每個國家評價旅館的標準。

國別	評鑑機關與標準
臺灣	觀光局於2005年開始辦理觀光旅館評鑑制度與標準，重點如下： 1.評鑑期程：每3年評鑑1次。 2.評鑑改以「星級」作爲標誌。 3.就「建築設備」滿分600分及「服務品質」滿分400分兩部分，分兩階段實施。 　(1)第一階段爲「建築設備」之評鑑，所有觀光旅館均需接受評鑑，評鑑結果分爲1至3星級；第二階段爲「服務品質」之評鑑，若觀光旅館之建築設備達3星級者，得自行決定是否再接受服務品質評鑑（服務評鑑採無預警方式，評鑑委員以旅客身分住宿旅館實際考核）。

國別	評鑑機關與標準
	(2)4、5星旅館之評定採「建築設備」與「服務品質」評鑑合併加總計分，600~749分者，列為4星級旅館；總分750分以上者，列為5星級旅館；總分未達600分及「建築設備」達3星級但未參加「服務品質」評鑑者，則評定為3星級旅館。
法國	1.官方：「旅館產業部」評鑑，並刊登於「旅館名錄」（Guide des hotel de france）由1星至4星，旅館為節稅考量，無5顆星旅館。 2.非官方：制定「紅色指南」（The red guide）。米其林輪胎公司觀光部（Michelin tire company`s tourism Dept.），其中住宿部分以「洋房」為等級標誌，而餐飲以「湯匙」為識別標誌。
美國	1.美國汽車協會（American Automobile Association A.A.A.）：該協會自1977年採用「鑽石」為旅館等級評鑑的識別標誌。 2.汽車旅遊指南（Mobill Travel Guide）：汽車石油公司（Mobil Oil Corporation）出版的汽車旅遊指南，針對北美地區旅館之等級評鑑，以星星為評鑑識別標誌，由1星至5星。
英國	英國汽車協會（Automobile Association of Great Britain A.A.G.B.）：該協會以出版的協會手冊（AA Handbook）將隸屬於旗下的會員加以評鑑，由1星至5星。
西班牙	由政府主導，實施強迫性的評鑑制度（Compulsory Grading System），以星星做為識別符號，分別有1星至5星。

四、客房的分類（Type of rooms）

每家旅館的客房種類有很多，光是依人數就有分成單人房、雙人房等，再依照客房的位置、窗外看到的景觀、房內提供的物品和房內的裝飾下去作分類，讓旅館的客房分類因為這些因素分成不同種類，而這些種類的分法也會造就每間客房銷售的價格有所差異。

1.一般分類法：

單人房 （Single With Bath） （S.W.B.）	1.標準單人房（Standard single room） 指一般標準型的單人床（Simple single bed）房間。 2.高級單人房（Superior single room） 指1張大型單人床（Queen size bed）的房間。

單人房 （Single With Bath） （S.W.B.）	3.豪華單人房（Deluxe single room） 　　指1張特大型單人床（King size bed）的房間
雙人房 （Double With Bath） （D.W.B.）	英文原意是具1張雙人床（Double bed）的房間，而這張床可能是大型單人床或是特大單人床。 1.雙床房（Twin With Bath T.W.B.） 　具2張同尺寸的一般單人床，供兩人住宿的房間 2.大型雙床房（Twin double room / Double-double room） 　2張雙人床的房間，可住進四位房客。
3人房 （Triple rooom） （TPL）	通常是1張雙人床搭配1張單人床。
4人房 （Quad）	配置有大型雙人房，或是有4張單人床的配置。
套房 （Suite）	套房是以1間或2間以上的客房，再加上客廳（Parlor）為主要的特徵。

2.位置分類法：房間的位置（Location）就房價而言，是重要的因素之一。

內向房 （Inside room）	房間景觀較差，甚至沒有窗戶，消防安全也較堪慮，房價較便宜。
外向房 （Outside room）	房間景觀視野較好，房價較高。
連結房 （Connecting room）	兩房相鄰，房內有一道門互通，適合家族使用。
鄰接房 （Adjacent room）	亦稱「Adjoining room」，房內無門互通，適合親朋好友互相照應。

3.時尚房間：

Lanai	為夏威夷術語，指客房附有陽臺（Balcony）或天井（Patio）的設計，可觀賞景緻，通常是屬於渡假旅館的設計（房間的外廊）。
Loft	指位於頂樓的房間。
Loggia	指「涼廊」而言，房間面向花園的部分。
Cabana	指正面對游泳池的房間

Efficiency unit	指含有部分廚房設備的房間。
Dupex	指「雙樓套房」，即是樓中樓的房間。
Villa	渡假別墅。坐落於臺北縣貢寮鄉福隆村臺灣第一座Villa式芙蓉渡假酒店，位於東北角國家風景區內，是採取BOT模式投資的渡假別墅（2006年6月正式營運）

五、房租計算方式

1. 旅館係依照建築成本訂定房價，平均房價約為房間建築成本的1/1000。

2. 房租計算是以住宿日為準，因此在計算時將以遷入時間（Check-In C/I time）與遷出時間（Check Out C/O time）為依據。旅館標準的遷入遷出時間，一般而言是以中午12點為標準。

3. 依住宿日計算：

(1)全日租Day rate / Full day rate：

①指依據價目表（Room tariff）沒有折扣的房價，適用於個別旅客（Foreign Individual Tourist F.I.T.）或無預先訂房之旅客（Walk in）的房租計算方式。

②亦稱為標準租（Standard rate）、牌價（Rack rate）或公告價（Published rate）。

(2)半日租Half day rate：

5星級旅館無實施半日租，即使休息（Day use）或短暫停留（Short stay）亦是收全日租。惟有延緩退房（Late C/O）才適用以下之收費標準：

①中午12：00~15：00收1日房租的1/3。

②中午12：00~18：00收1日房租的1/2。

③18：00以後收全日租。

4. 依餐食計價方式（Meal Plan）計算

⑴美式計價方式American Plan A.P.

指房租包括早、午、晚3餐。也稱Full pension、En pension、Full-board在美國亦稱Bed & Board（B&B）。

⑵修正美式計價方式Modified American Plan M.P./M.A.P.

房租包括早餐加午餐或晚餐任選1餐計含2餐的計價方式。亦稱「Half pension」、「Semi pension」、「Demi pension」

⑶大陸式計價方式Continental Plan C.P.

房租包括歐式早餐（Continental breakfast）的計價方式。

⑷百慕達式計價方式Bermuda Plan B.P.

房租包括美式早餐（American breakfast）的計價方式。

⑸歐式計價方式European Plan E.P.

房租不包括任何餐費的計價方式。

5. 依季節特性計算

通常渡假旅館旺季時，為了抑制過多旅客而採取以價制量方式，但淡季時為促銷客房以平衡年度收支。茲有下列三種房價計算的型態：

⑴淡季房租（Off season rate / Low season rate）

⑵旺季房租（In season rate / High season rate）

⑶平日房租（Shoulder season rate）

6. 依每週特性計算

⑴商務旅館Business Hotel：

商務旅館一般週六、日或假期的住房率偏低。旅館可採週末房租（Weekend rate）以此提升住房率。

⑵渡假旅館Resort Hotel：

相對於商務旅館，渡假旅館每週一至五住房率偏低。旅館可採週期房租（Weekday rate）予以提升住房率。

7. 以特別租（Special rate）計算

⑴促銷租Promotion rate：

旅館開幕（Grand opening）前為了測試營運狀況或紀念慶，會有

一段時間的促銷價格。

(2)房間升等Up grade：

將旅客房間升等，而房價維持不變

8.以契約租（Contract rate）計算

(1)團體價Group Rate：

旅館與旅行業簽約，安排觀光團體旅客入住，而給予旅行業優待價（Preferred rate）。

(2)商務租Commercial Rate：

或稱為公司租「Corporate rate/Company rate」指旅館與公司行號、機關團體、航空公司等簽訂契約，並給予不等的折扣（Discount）。

(3)統一房價Flat Rate：

英文亦稱「Run of the house rate」，指無論旅館提供任何類型客房於房客，均收取契約訂定的價格。

9.特殊情況房租

(1)預留房間房價Hotel room charge：

旅客預付款以保證訂房（guarantee, GTD），若旅客因故未能如期抵達，旅館仍以其名義將房間保留，而旅客仍需支付該房的費用。

(2)保留房間房價Keep room charge：

旅客離開旅館後，仍將行李存放房內，數日後折返續住。此種保留房間慣例是房租的半價。

(3)單人房附加Single extra：

英文亦稱「Single Supplement S/S」。由於團體旅客基本上是2人1房，旅客如想獨自使用一間單人房，即需附加單人房差額之費用。

六、房租價目表的涵義

很多的因素會決定一個客房的價格高低，臺灣目前房租價目表（Room tariff / Hotel tariff）所代表的意義爲：

1. 代表旅館的等級。
2. 代表房間的等級。
3. 不含服務費（10%）及小費。
4. 內含稅金。
5. 房租不含餐食。
6. 以每一住宿日爲單位。
7. 以每一客房爲計價單位。
8. 不包含折扣及佣金。

七、旅館連鎖經營的意義與優缺點

1. 連鎖的意義：連鎖旅館是一個擁有著名名稱的組織（如：美國的喜來登Sheraton Hotel、香格里拉Shangrila International Hotels、國際麗晶酒店集團Regent International Hotels、日本的王子Prince或臺灣的長榮桂冠、福華、凱撒與中信等）。其經營模式具有共同理念，包括訂房系統均爲一致，或同時給予不同等級的品牌名稱（如美國馬利奧Marriott、Hyatt、Holiday Inn、Hilton 6 Countinents）。這些連鎖旅館有一個母公司（Parent company），它本身擁有許多旅館，也可以藉用特許聯盟（Franchise）等方式達到連鎖的目的。

2. 連鎖旅館的歷史：連鎖旅館最早源於1907年美國的紐約史大特拉飯店（Statler Hotel），後更名爲：Hilton International Hotel。

3. 旅館連鎖經營的優缺點：

優　點	缺　點
1. 提高旅館的知名度與對品牌的信賴度。 2. 占有國際連線訂房優勢。 3. 健全旅館管理制度。 4. 共同採購物料與耗料，大量降低成本。 5. 共同行銷效果宏大。	1. 繳納一定金額之權利金，負擔較重。 2. 內部營運、人事調派、主管異動等頗受干涉。 3. 軟硬體設備、內部動線、裝潢等要求嚴格。

4. 旅館的連鎖方式：

連鎖方式	經營型態	國內外經營實例
直營店 （Company Owned）	由總公司直接經營的旅館，各連鎖店的所有權及經營權均屬於總公司。各連鎖旅館的各項作業及活動均由總公司統一規劃與制定。	如國內之福華、長榮桂冠、中信、國賓、老爺、六福、凱撒等旅館系列。
管理契約 （Management Contract）	1. 由產權獨立的旅館投資（The owner），授權給一間連鎖旅館公司（The con-tractorof opera-tor），依合約方式來經營管理。 2. 管理範疇包括旅館之組織結構、營運專業訓練及操作技術等。 3. 合約中規定雙方權利義務、列載營運成本支出、管理費用預算與如何分配利潤。 4. 授權者依營業額之一定比例支付酬勞（Remuneration）或管理契約金（Mana-gement Fee）於連鎖旅館，達成績效目標後再給予獎勵金。	1. 臺北老爺酒店委由日航株式會社（JAL Hotel Co., LTD JHC）負責管理。 2. 臺中全國飯店委由日航國際連鎖飯店（Nikko Hotel International NHI）管理。 3. 臺北君悅飯店由新加坡豐隆集團出資，為國際凱悅Hayyat集團房間最多（臺北君悅870間客房）的旅館。 4. 臺北晶華飯店委託國際麗晶酒店集團Regent International Hotels管理。 5. 臺北遠東國際飯店委託國際香格里拉飯店集團Shangrila International Hotels管理。

連鎖方式	經營型態	國內外經營實例
承租連鎖 （Lease）	美國及日本有些不動產或信託公司即與旅館連鎖公司訂定租賃合約，由不動產或信託公司建築旅館後，租給連鎖旅館公司經營。	美國喜達屋國際酒店集團（Starwood Hotels & Resort World）擁有725間旅館，旗下品牌包括：喜來登（Sheraton）、威斯汀（Westin）與聖瑞吉斯（St.Regin）。
特許加盟 （Franchise）	1. 由加盟者（Franchisee）所販售的商品與服務，是透過特許者（Franchisor）的設計、供應、控制及支援下進行的商業行為。 2. 就旅館連鎖經營而言，僅懸掛該連鎖旅館的商標（Logo）並使用其名稱，但本身的財務、人事與營運方針均完全獨立。 3. 連鎖旅館並不參與該旅館的一切作業，但會針對旅館的軟硬體加以督導，以維持該連鎖旅館的整體形象。 4. 加盟者必需支付加盟契約金（Frean- chisee fee）或加盟費（Royalty）。	1. 臺北喜來登飯店加盟喜來登飯店集團（Shera-ton Hotel Corporation） 2. 臺北晶華飯店加盟國際四季旅館Four Seasons 3. 臺北華泰王子飯店加盟日本國際王子飯店
會員結盟 （Referral Chain）	會員制亦相當於姊妹飯店，這種業務關係有時需付會員費（Referral fee），經由共同訂房系統可使彼此業務成長而達到連鎖目的。有時在某些「飯店聯盟集團」（Hotel consortium）的組織，也可將它視為會員系統（Referral system）。	世界傑出旅館組織（Lead-ing Hotel of the World LHW）：為全球最龐大的5星級行銷及推廣組織，總部設於紐約。目前會員包括巴黎麗池、曼谷東方文華及臺北亞都麗緻與臺北西華飯店。
業務連繫連鎖 （Voluntary Chain）	以共同訂房聯合推廣模式，這種方式是未參加連鎖的獨立旅館，彼此間一種較鬆散的自願連鎖方式。	各地區旅館針對某聯合活動，採取策略聯盟（Strat-egy alliance）的方式來促銷業務。

5.連鎖旅館與航空公司的關係

(1)航空公司經營連鎖旅館，全球是以美國為首；亞洲以日本為先，如日本航空公司在全球擁有40餘家「日航國際連鎖旅館」（Nikko Hotels International NHI）的旅館，也包括臺北老爺酒店及臺中全國飯店。

(2)臺灣航空公司以長榮航空旗下的「長榮桂冠酒店集團」（Evergreen International Hotels &Resorts）最具潛力。目前在基隆、臺北、臺中、曼谷與檳城及法國巴黎均設有長榮桂冠酒店。

第四節　旅館產業之組織架構與職掌

經營一家旅館，它的經營組織架構會因為一家旅館的規模大小而有所不同，即使同樣是大規模的旅館，他們的經營架構也會因每家旅館的經營方式不同而讓自身的組織架構和別家不同。以下是旅館產業組織架構類型的分類：

簡單型	此型為扁平化的簡易組織，決策權由經營者一人掌控，較不正式，風險也比較大，例如早期本省傳統家族式經營的小型旅館，老闆兼櫃臺及出納，僅聘2至3名服務生，即屬於此類組織結構。
功能型	此型為具高度專業化的部門組織，依工作內容性質作為部門劃分依據，較適於大規模現代旅館使用，其缺點為編制員額多、人事成本高。例如現代旅館依各部門的職責及功能加以分為客房、餐飲、採購、業務、工程、財務、人力資源等各部門，其編制係依各部門工作內容及性質來劃分即是例。
產品型	此型係依產品內容來劃分，如冷廚房、熱廚房、點心房。其優點為權責分明，缺點為人員、設備重複編列，浪費成本。例如觀光旅館西餐廳，其廚房編制係依其所負責製備食品之不同而分為冷廚房、熱廚房、點心房、沙拉等各種廚師來負責調製各類餐食，此即為產品型組織結構的典型。
矩陣型	此型係屬於一種混合型雙權結構組織，通常係將上述兩種組織結構結合，如功能與產品組織之結合、旅館客務部與房務部之結合即是例。此類型組織缺點為必需增設管理人員編制，耗費較大。例如大型旅館組織，採購部係依功能別而設置。

第五節　前臺部門與後臺單位

旅館組織可歸納為兩大部門，前臺（Front of the House），又稱為「外務部」；另一個為後臺（Back of the House），也稱為「內務部」。客務部門係指旅館房務部與餐飲部等二大對外營業單位。至於內務部門係指財務、總務、人事、工務與採購等單位。部分旅館有些附帶營業項目也屬於客務部。

(一)客務部

客務部又稱旅館部，其工作包含櫃臺、服務中心、商務中心、大廳副理、訂房、總機及接待等客務部之業務。另外為了內部會計作業及管理之需要，也可將房務部列入客務部之範疇。

櫃臺	出租客房、調配房間、住宿登記。 鑰匙保管、郵電傳真、旅客留言處理。 館內、市內導遊詢問。 貴重物品保管、失物招領。 外幣兌換。 督導行李員、大廳接待及旅客簽入與簽出的服務工作。
商務中心	提供商務旅客商情資訊、商務辦公設備與設施。 提供商務旅客翻譯、記錄等祕書服務。
服務中心	引導旅客至櫃臺住宿登記。 協助旅客搬運行李及看管行李。 引導旅客進房間。 其他有關旅客之委辦服務。

(二)房務部

1.負責旅館裝備、硬體環境設施之清潔與保養工作。

2.負責客房之清潔維護，如房間清掃、衛浴設備等。

3.負責維護旅館所有公共區域之清潔衛生，如樓梯、公共廁所、大廳、走廊、電梯間之清潔工作。

（三）餐飲部

餐飲部為目前為各大觀光旅館營運收入最大來源，通常設有中餐廳、西餐廳、宴會廳、酒吧以及客房餐飲服務。主要職責乃提供餐飲服務品質，管理餐飲安全衛生，落實標準化作業與成本控制，提供旅客溫馨的用餐環境，以達旅館營運目標。

（四）財務部

財務部包括會計、成本控制、資訊、出納等單位，其業務相當繁重，舉凡旅館有關資金、收支及各式會計報表之編製、預算之編列均為其主要工作範疇。部分旅館之財務單位也兼稽核、物料盤點等庫房財產之保管工作。

（五）業務部

1.分析市場需求，擬定旅館年度行銷計畫案，並用以執行業務推廣行銷工作。

2.分別向各機關團體及企業行銷推廣，如旅行社、航空公司、社團組織等單位均為行銷對象。

3.運用媒體或各種行銷工具，以建立公司形象與知名度。

4.負責迅速處理訂房、訂席及會議等作業，以利業務之推廣。

（六）總務部

1.各部門辦公室及員工休閒中心知清潔維護。

2.公務車之調配與維護保養工作。

3.停車場之管理、公共設施之維護與清潔。

4.旅館客房盆花裝飾、喜宴場所及會場布置。

5.管理旅館各種資材。

6.庫房管理作業。

（七）工程部

工程部又稱為工務部，主要負責旅館硬體設備之維修、養護工作為業務範圍，例如空調、水電、鍋爐、給水排水系統、消防設施、汙水及垃圾處理等水電土木工程均為其職責，其工作之重要

性可想而知。

㈧人力資源部

人力資源部之主要職責乃負責旅館所有員工之任用、考核、教育、訓練、退休、撫卹、解僱、敘薪，以及員工上、下班勤惰之管理。

㈨安全室

安全室之職責乃負責旅館之安全問題，確保旅客與旅館員工性命與財物免於受危害或損失。其工作要項很多，如門禁管制、員工上下班攜帶物品檢查，防範不肖旅客詐財、偷竊、滋事、破壞或意外，凡此安全維護事項均為此部門之職責。

個案探討

壹、三二行館

於2004年創立於臺北北投，三二行館Villa 32即將邁入第10個年頭，在北投坐擁豐沛溫泉地熱的三二行館並不以飯店自居，反而以「私人招待所」的定位來經營。無論是硬體或軟體，皆以「只有最好、沒有次好」為宗旨，期許提供顧客「更頂級、更尊榮」的享受。

其餘相關資料，請參見http://www.villa32.com/frameset.tw.htm。

貳、寒舍艾美飯店

喜達屋擁有全球最富盛名的酒店及渡假村品牌，是世界最大的飯店集團之一，於1980年成立，集團總部設於美國紐約。旗下9個飯店品牌包括喜來登、福朋酒店（喜來登集團管理）、瑞吉酒店、豪華精選、艾美酒店、W酒店、威斯汀、Element以及雅樂軒。

臺北寒舍艾美酒店總經理戴文龍表示：「艾美酒店因應藝術品生活化潮流，藉由寒舍集團囊括古董市場、今藝術投資與觀光旅館業的跨界視野，詮釋富含精緻人文氣息，令旅客駕馭自如的藝文探索體驗。」於2010年9月試賣，以「5星級藝術飯店」定位，以及7,000元平均房價搶攻頂級住房商機。坐落在臺北信義區A12，地主為新光人壽，由互助營造興建，並經激烈競逐後由寒舍集團承租20年投資，再加盟引進艾美酒店品牌經營。

其餘相關資料請參見http://www.lemeriaien-taipei.com/#/about_le_meridien/

參、W Hotel

飯店簡介

W飯店（W Hotel），是一家跨國的酒店品牌，第一間W飯店於1998年開幕於紐約，屬於喜達屋酒店及渡假酒店國際集團，而臺灣則在2010年底正式開幕，以時尚、音樂、設計與流行文化等創新風格吸引高端客戶。W飯店的經營理念在於成為各城市文化的中心，結合當地特色發展出令人印象深刻的設計概念，由該集團創辦人貝瑞‧史登利希特一手催生的時尚商務酒店，以創新設計、科技、注重藝術和時尚特色為特色。例如香港W飯店以中國五行為主要設計概念，臺北W飯店以自然與科技共生（Natural Electrified）為主要設計理念。

為何取名為「W」？是因為工作團隊想讓每一位走入飯店的顧客都

發出wow的驚嘆聲。另外，他們也竭力提供顧客們whatever/whenever隨時／隨需的服務（只要合法），無論顧客要求什麼將爲他們呈現出來，並且竭盡所能爲W顧客的生活中重要片刻帶來最奇妙的體驗。

其餘相關資料，請參見http://www.thekitchen tabletaipei.com/zh/?gclid=CNjssa-EuTo CFWZZ Pgod020Aug

肆、帆船飯店

飯店簡介

帆船飯店的建設始於1994年，並於1999年12月1日正式開放。建築的外型如同獨桅帆船型。飯店頂部有一座直昇機機場，從飯店的另一邊延伸，在海上一家透過懸臂支撐的餐廳被叫阿蒙塔哈（阿拉伯語意思是最高或者極限）。

在建築物內部有一個世界上最高的中庭，其高180公尺，它以鐵氟龍塗料玻璃纖維紡織布圍帆船的「兩翼」而成。帆船飯店是一幢位於阿拉伯聯合大公國杜拜的豪華飯店，全高321公尺，它矗立於離沙灘岸邊280公尺遠的波斯灣內的人工島上，僅由一條彎曲的道路連結陸地。

杜拜是中東的港口，帆船是杜拜重要的交通工具，1990年杜拜政府決定要蓋一個指標性建築物，作爲杜拜的象徵，自然而然想到帆船造型。曾是世界上最高的飯店建築，最近高度已被平壤在建的柳京飯店（330公尺）和同在杜拜的玫瑰大廈（333公尺）超過。

其餘相關資料，請參見http://zh.wikipedia.org/wiki/%E9%%98%BF%E6%8B%89%E4%BC%AF%E5%A1%94

課後問題

問題討論：頂級旅館在國際行銷上如何確立其服務品質（Quality Serrice）？

第四章

賭場旅館（Casino Hotel）之經營與管理

　　臺灣自十幾年前已討論研究Casino之議題，如今較明顯之進展是馬祖已通過博奕公投，將來Casino Hotel之經營模式將整合型渡假村（Intergrated Resort）之模式經營。

第一節　客務部門及服務品質
第二節　賭場旅館與觀光發展
第三節　臺灣旅館產業

第一節　客務部門及服務品質

　　首先介紹一般商務旅館之組織架構及各部門之工作內容,然後方可進入多功能之賭場旅館(Casino Hotel)。

櫃臺主任	負責督導櫃臺所有業務,確保業務運作順暢。 負責訓練及督導櫃臺人員,提升服務人員之水準。
接待員	負責住宿旅客之住房登記、房間分配與銷售事宜。 負責旅客進住及遷出的作業處理。 旅客抱怨事項之處理。 代購機票、車票服務。 其他旅客接待服務事項。
訂房員	負責訂房有關事宜。 超額訂房之處理。 掌握市場動態,作為客房銷售之參考。 提升旅館客房之住宿率。
夜間經理	負責旅館夜間一切營運作業、旅客接待工作。 緊急突發偶然事件之處理。 旅館夜間最高負責人,代表經理處理各項業務。
櫃臺出納	負責旅客帳單款項之催收與處理事宜。 外幣兌換工作。 信用卡帳目之處理。 旅客信用徵信調查。
服務中心主任	負責督導服務中心人員,如行李員、門衛、電梯服務員之工作。 接受櫃臺主任之指揮,協助旅客進住及遷出之接待、服務團體旅客、行李託管及搬運服務。
行李員	旅客進住與遷出之行李搬運服務。 引導賓客到樓層客房之接待工作。 遞送物件、郵件、留言及報紙等瑣碎工作。 負責大廳之整潔與安全維護。 其他旅客交辦事項。
電話總機	館內館外電話之接線服務。 國際電話之撥接服務。 喚醒服務。

	館內廣播或緊急撥音服務。 電話費之計費等帳務工作。
門衛	大門迎賓，協助客人裝卸行李、開啟車門服務。 叫車服務。 維持旅館大門口之秩序與整潔。 車輛管制及指揮停車事宜。
電梯服務員	負責電梯之整潔、安全衛生。 旅客搭乘電梯之接待服務。 維護旅客之安全，給予溫馨親切之接待。

第二節　賭場旅館與觀光發展

　　由上一節認識一般商務旅館之組織及各部門功能之後，賭場旅館之規模及功能性遠大於商務旅館。

　　自從拉斯維加斯將博弈產業和旅館業結合經營後，為內華達州帶來了龐大的收入也進而帶動當地觀光產業的發展。拉斯加斯的成功案例讓許多國家開始紛紛效仿，在亞洲部分，中國澳門和新加坡近幾年來在東亞地區博弈產業發展也相當成功，成功的帶動當地的觀光產業，也讓當地居民的所得大為提升。下面介紹全世界著名的賭場旅館：

美國拉斯維加斯10大酒店

曼德雷灣酒店 （Mandalay Bay Hotel）	擁有近5000間客房的曼德雷灣酒店（Mandalay Bay Hotel）是拉斯維加斯21世紀的傑作，整間酒店規模宏偉、氣派不凡。更令人稱奇的是打造的景色，在10英畝的人工海灘上，有來自世界各地的客人盡情享受沙灘及陽光。
米高美大酒店 （MGM Grand Hotel）	米高美大酒店是拉斯維加斯最大的酒店，有「娛樂之都」的美譽，許多世界頂級的比賽和演出都在這裡舉辦。
樂蜀金字塔酒店 （Luxor Hotel）	由一座30層樓高、黑色玻璃的金字塔和兩棟階梯式的高樓組成。門前是一座巨大的獅身人面像，神秘的古埃及文明與現代建築工藝完美地融合在一起。金字塔內約有20層樓高，二樓還有圖唐卡蒙法老的墓室博物

	館，按原樣一比一復原的複製品。住宿的旅客以專用小艇渡過小尼羅河後，送到客房。金字塔頂每到晚上都會發一束亮光直指夜空，據說是人類最亮的人造光源。
紐約─紐約酒店 （New York-New York Hotel）	是一間位於內華達州拉斯維加斯大道上的賭場酒店，亦是美高梅集團下最大的賭場。顧名思義，酒店是採用紐約市作為他們的主題，包括帝國大廈、克萊斯勒大樓等的紐約市著名建築。還有一個雲霄飛車─曼哈頓快車，能以時速67英里將客人們送上總面積298,664平方英尺的大蘋果娛樂城。酒店前的水池代表紐約港，還豎立一個150英尺高的自由女神像。
蒙地卡羅酒店 （Monte Carlo Hotel）	是拉斯維加斯較早期的大型酒店之一。它以文藝復興米開朗基羅的巨幅雕塑群為拓本，進行惟妙惟肖的複製。以融合現代化瓷藝和科技於一體的樹脂為材料，再現大師風彩，真可謂巧奪天工。酒店還斥資270萬美金，建造以世界頂級魔幻大師Lance Burton命名的豪華劇院，讓現場觀眾能完全沉浸在Lance大師精彩的魔幻世界中。
巴黎酒店 （Paris Las Vegas Hotel）	按原比例縮小的艾菲爾鐵塔和凱旋門，聳立在酒店門前，讓遊客們有種時空錯位的奇妙感覺。艾菲爾鐵塔餐廳可以說是全酒店最佳的用餐地，即能在浪漫的環境中享用道地的法國大餐，又能飽覽拉斯維加斯炫目的夜景，這樣一舉兩得的享受實在不容錯過。
美麗湖酒店 （Bellagio Hotel）	美麗湖酒店（Bellagio Hotel）是根據義大利北部Como湖旁的貝拉吉歐村莊所蓋成。最讓人驚豔的莫過於酒店門前的巨型音樂噴泉。幾千束噴泉隨著音樂在幾千公尺的高空中舞蹈，升起的水幕甚至比酒店的大樓還高，壯觀的景象令人嘆為觀止。每隔半小時就表演一次的噴泉，總能吸引無數遊客駐足觀賞。
凱撒皇宮酒店 （Caesars Palace Hotel）	整個酒店就像皇宮般氣派不凡。在凱撒皇宮酒店，客人們彷彿回到凱撒大帝時代，親身體驗帝王級的奢華和尊寵。古羅馬集市購物中心匯集了世界頂級品牌。
火烈鳥酒店 （Flamingo Las Vegas）	是一家具有傳奇色彩的酒店，班傑明‧西格創建的火烈鳥酒店，成為拉斯維加斯酒店的始祖，也造就它今日的繁榮。在火烈鳥酒店，遊客就能感受到拉斯維加斯的精髓。

夢幻金殿大酒店 （Mirage Hotel）	坐落在新大街的中心區域，整間酒店具有濃郁的太平洋熱帶小島風格，高大的棕櫚樹迎接每一位貴賓。酒店中還飼養兩頭珍貴的白老虎，供客人免費觀賞。每晚6點直至午夜，酒店門前的人造火山每隔15分會噴發一次。亮黃色的火焰直衝天際，高達100英尺，將夜空照得通亮。散落下的火焰掉落在火山四周的水池內，水與火的交融，美不勝收。

（參考資料：維基、新紀元）

其他國家著名賭場旅館

澳門 新葡京	位於澳門黃金地段的新葡京酒店，特殊的外型及時尚的室內設計，是澳門非常顯眼地標。酒店匯合15間寰宇食府，結合各地的美食佳餚，且在品質嚴格把關及國際標準的堅持，深深地反映出新葡京酒店對服務質素的信念及承諾，令所有的客人有賓至如歸的感受。澳門新葡京酒店是澳門博彩股份有限公司旗下的超豪華5星級旗艦酒店，突出的蓮花外型設計是澳門建築地標。在新葡京酒店大堂中央，展示了一顆令人炫目的全美鑽石「何鴻燊之星」。此顆為全球最大的罕見墊型鑽石，而鑽石更以何鴻燊博士命名，反映出澳門博彩股份有限公司對高標準的追求及對客人的服務承諾。
澳門威尼斯人 The Venetian Macao- Resort-Hotel	位於路氹城填海區金光大道的澳門威尼斯人，占地1,050萬平方呎，是亞洲最大的單幢式酒店及全球第2大的建築物。由威尼斯人股份有限公司於澳門金光大道地段的一個重點大型建設項目，集大型博彩娛樂、會展、酒店及表演、購物元素於一體。其建築特色依照美國拉斯維加斯的威尼斯人酒店。以威尼斯水鄉為主題，酒店內是充滿威尼斯特色拱橋、小運河及石板路。
南韓 華克山莊	華克山莊飯店，位於漢城（首爾）阿叉山，擁有623間客房，以住宿及賭博娛樂活動為主，但也附設綜合休閒娛樂中心，提供外國觀光客的優美傳統舞蹈及民俗表演。 華克山莊是一家5星級的大飯店，電影「情定大飯店」就是在華克山莊拍攝的，也是韓國第一家豪華賭場，是一家開放給外國人娛樂賭博的賭場。此外，也可以觀賞到世界有名的大型舞蹈秀——華克秀。

第四章　賭場旅館之經營與管理

099

德國巴登巴登 Baden Baden	巴登巴登的賭場建成於1824年，是德國最大最古老的賭場，也被稱為歐洲最美麗的賭城，歐洲的拉斯維加斯。是歐洲最大的賭城，甚至可能是最豪華的賭城。賭場的建築屬於巴洛克式，外觀雖然端莊簡潔，內部的廳堂卻極其富麗奢華。許多廳堂都是按照法國18世紀時巴洛克城堡的式樣布置的，天花板上、牆壁上到處都是油畫彩飾。精緻的古典式吊燈映襯著金碧輝煌的房間，氣氛隆重而豪華。男士們必須穿西裝帶領帶，女士們更須衣著得體，穿戴整齊了。

第三節　臺灣旅館產業

近年來，因為政府放陸客來臺和背包客的盛行，臺灣及國外的旅館業者看中中國大陸龐大的觀光客商機，開始在臺灣興建許多的旅館，開始慢慢改變臺灣旅館的發展走向。舉例來說：為了讓觀光客更容易選擇所需的住宿，臺灣旅館的定位也逐漸趨於兩極化，一種是強調高級服務和設備的高檔飯店，另一種則是看中背包客市場將旅館定位走向簡單化的經濟型旅館。因此，下列為大家整理了七點臺灣旅館產業的趨勢走向：

臺灣旅館業趨勢

1. 定位兩極化

隨著臺灣社會經濟發展逐漸呈現兩極化，飯店的發展定位也朝此傾向走進，高檔飯店無不全力呈現極致奢華與享受，推出各式各樣高級客製化的服務。為因應市場，經濟型旅館也應運而生，房間以小而美的形象打造，飯店以標準化流程及減少服務項目來降低成本，因此成本減少，房價也相對降低。

2. 競爭品牌化

在國際連鎖酒店迅速在臺灣拓展的同時，臺灣本土型的飯店品牌也開始崛起，部分品牌甚至比國際連鎖酒店更注重獨特品牌的設計和推廣。除了在經營上堅持以優良品質作為品牌競爭的基礎，也以靈活多

變的公關宣傳作為品牌拓展的手段，例如：福容飯店請阿基師拍宣傳廣告。讓深厚的本土文化底蘊作為品牌的中心靈魂，從而在消費者心目中確立飯店的品牌。

雲朗觀光集團公共事務處協理唐玉書表示，因為雲朗執行長張安平堅持維護臺灣飯店品牌，希望打造屬於臺灣人自己的飯店，不做海外投資，也不打算加入國際連鎖，就是為了將旗下各飯店品牌，透過不同故事、賦予不同風格定位，希望每位旅客入住時都能感受到，並成功打開知名度。

3. 組織化、在地化

越來越多臺灣本土飯店業者團結一致，結合當地的觀光資源推出各種方案，吸引遊客入住。例如，免費提供單車、DIY手作課程或搭配當地農業體驗，使用當地食材製做風味餐等，讓遊客除了享用飯店設施外，還能到飯店附近景點做進一步旅遊。例如，雲林劍湖山王子飯店、礁溪長榮桂冠酒店等，也都結合母公司集團的觀光資源，以組織的力量，將產品package化，以吸引目標客層。

4. 感性訴求成為行銷利器

經營一間飯店，能讓客人因為「故事」而提高入住意願，將是未來飯店經營的趨勢。例如，君品酒店的故事就是「馬」，整座飯店內俯拾皆是與馬有關的古董藝術品。因為執行長張安平認為：人類自從馴服了馬後，才首度展開長期貿易及旅行，也才促成原始旅館業的發展。馥蘭朵春秋烏來總經理江俊麟表示，「感恩」將是臺灣飯店業未來很重要的行銷手法。像馥蘭朵春秋烏來就邀請前優人神鼓的團員駐店，以「離塵囂、夜行空、即靜音、棋不語、繞空鼓」的故事概念，讓每一位遊客都能體會徹底地療癒與放鬆。

5. Inbound客源分眾服務化

面對Inbound最大來源——大陸客、日本客。雖然大陸客入住人數增加，但也許因為生活習慣的不同，而無法靜下心體驗臺灣的深度漫遊，讓有心推廣臺灣文化的業者不得不配合大陸客的節奏，提供趕場

式的服務。而日客則完全相反，較重視隱私、安靜，喜歡深度體驗。面對這要求兩極化的客源，大型飯店可藉由服務與樓層分眾化因應；但小型或溫泉飯店因房間數或資源較少，較無法提供分眾化的服務。

6. 人才穩定才有飯店品牌

飯店業員工流動率高，一直是業界習以為常的潛默契。對於飯店業的未來發展而言，人才絕對是寶貴的資源。尤其是飯店的產品和服務品質的決定因素關鍵來自於人。因此，飯店業將會更採用人本管理的方式，將飯店文化與品牌精神傳承下去。

馥蘭朵春秋烏來總經理江俊麟認為，員工的穩定度與訓練非常重要，如果員工一直流動，服務就會斷層，客人也一定會感受到服務的缺陷。雲朗有業界唯一的「雲朗知識庫」，以及SOP的員工訓練，讓每一個員工都能充分學習到企業文化，不會因人員異動而降低服務品質。

7. 科技化持續導入飯店管理

科技化管理能有效降低人員與行銷成本，透過資料庫分析，可以了解客人的需求，並根據分析報表來調整並執行細節。前臺的科技化服務能節省服務人員作業時間，讓旅客提升好感度。而無線網路與光纖網路設備已成為現代不可或缺的服務項目。

參考資料：TTN TEAM 697期

課後問題

1. 未來臺灣如果設立了賭場，那賭場旅館的出現是必要的，若臺灣設立賭場旅館，應用何種經營型態來經營？
2. 若臺灣設立賭場旅館，請比較臺灣賭場旅館與國外賭場旅館經營型態應有何不同？
3. 澳門博弈產業近年來以漸漸超過世界各國，而賭場旅館也是一間一間的蓋起來，請對於澳門地區賭場旅館提出全面性的看法。

第三篇 餐飲服務業

第五章

餐飲服務業

第一節　餐飲業發展史

一、外國餐飲業發展

　　要成為一位專業的餐飲從業人員，最重要的就是需要具備相關產業的背景知識，因此了解餐飲業的歷史發展也是相當重要的職前作業，以下為讀者做詳細的介紹：

　　西方餐飲業從很早就開始發展，遠溯至上古時期，古埃及人在石碑上刻下食物的名稱及價格成為西方宴會形式的起源，後來羅馬人設立有Taverne為小酒館的前身，也在義大利的遺址赫崗蘭城中，發現許多餐飲店。羅馬帝國時期，地中海附近也設有餐館、旅店。11-13世紀，十字軍東征造成東西文化的交流，更進一步影響到飲食文化與發展。1183年，在英國倫敦出現第一家餐廳名為Pubilc Cook House。到16、7世紀以後，店家開始講究精緻烹調，使用較好的餐具招待顧客，義大利菜源自於羅馬文化，而文藝復興時期，活字版印刷技術使食譜更為普遍。1530年，敘利亞的大馬士革出現了第一家咖啡廳。1533年，義大利凱薩琳公主與法王亨利二世聯姻，將義大利的料理烹調方法、用餐禮儀以及飲食文化帶進法國，使法國料理技術迅速發展，因此義大利菜有西餐之母之稱。1533年，法國巴黎開一家公共食堂提供定食。1634年，美國人山姆爾（Samuel Coles）在波士頓開設第一家餐廳，是現代化餐廳的前身。1645年，義大利威尼斯人開設第一家咖啡廳波迪格（Bottega del Caffe）。1650年，英國牛津開設第一家咖啡廳。1672法國開設第一家咖啡廳，提供咖啡、飲料、點心和簡單的餐食。1765年，法國巴黎的布朗傑（Monsieur Boulanger）開了一間餐館，供應一道以羊腿燉蔬菜的湯品，名叫Le Restaurant Divin，原意為使人回復元氣的東西，許多顧客便以這道菜名當作這家餐廳的名字，因此Restaurant最後演變成餐廳的代名詞。1789年，法國大革命之後，許多原本在貴族家中當廚

師的人流落到民間，貴族與皇室所享用的料理不再只局限於階層較高的人的專利，民間老百姓一樣可以享用，因此餐飲進入平民化的時代。安東尼卡雷姆（Marie Antoine Careme）原爲一達官貴族家中的廚師，後來自行成立餐廳，推行了上菜之次序，及菜餚以簡單優雅之方式呈現，將西餐烹調變得更加精緻化、藝術化，被尊稱爲古典烹調創始者、廚師之王。1802年，法國漢尼耶著有「美食者年鑑」首開美食批評之風，間接影響到後來的米其林美食評鑑。1827年，美國紐約出現第一家法國餐廳德蒙克尼餐廳（Delmonic's Restaurant）。1850年，法國巴黎歌聯飯店開設，以具有現代化餐飲設備及服務著稱。1876年，美國連鎖餐飲業的形態興起。美國人首創自助式（Buffet）型態的餐廳。科技進步，微波爐、冰箱、烤箱等較先進設備逐漸出現，使餐飲的供應更加多元化，美國將西餐改爲便利的西餐，出現Cabaret ，美式酒吧提供雞尾酒Cocktail 。1930年，美國汽車旅館興起，公路餐廳及汽車旅館增多。1948年，麥當勞創立，以標準化食物及快速的服務，持續的拓展分店。21世紀後，餐飲業的發展以簡單快速和豪華餐廳兩大類爲主流。由上述可知外國餐飲業的發展是很有歷史的，因此將餐飲發展之歷史及年代發生的事件整理如下：

時期	事件
上古時期	古埃及人在石碑上刻食物價格及名稱。 羅馬人設有Taverne 。
中古時期	11-13世紀，十字軍東征，東西文化交流影響飲食文化。
16世紀	義大利菜源自於羅馬文化。 文藝復興時期，活字版印刷使食譜更普遍。 1530年，敘利亞的大馬士革出現第一家咖啡廳。 1533年，義大利凱薩琳公主嫁給法王亨利二世，使義大利和法國料理交流，因此義大利菜有西餐之母之稱。 1533年，法國巴黎開一家公共食堂，提供定食。

時期	事件
17世紀	1634年，美國人山姆爾（Samuel Coles）在波士頓開設第一家餐廳，是現代化餐廳的前身。 1645年，義大利威尼斯人開設第一家咖啡廳波迪格（Bottega del Caffe）。 1650年，英國牛津開設第一家咖啡廳。 1672法國開設第一家咖啡廳，提供咖啡、飲料、點心和簡單的餐食。
18世紀	1765年，法國巴黎的布朗傑（Monsieur Boulanger）開了一間餐館，供應一道以羊腿燉蔬菜的湯品，名叫Le Restaurant Divin，意思是使人回復元氣的東西，許多顧客便以這道菜名當作這家餐廳的名字，因此Restaurant最後演變成餐廳的代名詞。 1789年，法國大革命之後，許多原本在貴族家中當廚師的人流落到民間，餐飲進入平民化的時代。 安東尼卡雷姆（Marie Antoine Careme）原為一達官貴族家中的廚師，被尊稱為古典烹調創始者、廚師之王。
19世紀	1802年，法國漢尼耶著有「美食者年鑑」，首開美食批評之風，間接影響到後來的米其林美食評鑑。 1827年，美國紐約出現第一家法國餐廳德蒙克尼餐廳（Delmonic's Restaurant）。 1850年，法國巴黎歌聯飯店開設，具有現代化餐飲設備及服務著稱。 1876年，美國連鎖餐飲業的形態興起。
20世紀	科技進步，微波爐、冰箱、烤箱等烹調設備逐漸出現，使得餐飲供應更加多元化，美國將西餐改為便利的西餐。 出現Cabaret 💡，美式酒吧提供雞尾酒Cocktail 💡。 1930年，美國汽車旅館興起，公路餐廳及汽車旅館增多。 1948年，麥當勞創立，以標準化食物及快速的服務，持續的拓展分店。
21世紀	餐飲業的發展以簡單快速和豪華餐廳兩大類為主流。

💡 1.Cabaret，只有歌舞助興的酒吧。

2.Cocktail，用多種酒調配而成的混和性含酒精的飲料。

3.Taverne，法文，未來小酒館的前身，英文為Tavern。

二、國內餐飲業發展

中國從史前時代的生食到發現食物可以熟食後，餐食烹調一直不斷在變化。早期的旅行者或商人通常借宿於廟宇或民家，提供粗簡的餐食。我國古代地廣人稀，自秦漢以來，為方便官差大人長跋涉傳送文件，便有「驛站」的設置，提供官差休息、恢復精神，除去旅途的勞累，更提供住宿與餐食，好讓官員們將疲勞一掃而空並前往下一個地點，這就是中國最早的餐飲業。古代餐廳的形式還有：亭、旗亭、飯館、酒肆、酒樓、酒家、食店、客棧、逆旅等。餐飲業真正普及必須追溯到秦朝，制定貨幣政策後，民間社會開始出現大規模的交易現象，市集應運而生，餐食販賣於街道，城市與街道上到處是提供餐飲的酒店和熟食店。在漢、唐時代，是歷史上的太平盛世，交通發展迅速，各處通商大邑都設有「客舍」與「亭驛」，方便來往的官宦與客商有個落腳解決食宿的地方，大街小巷到處都可看到肉店、酒店、熟食店，民間的交易行為絡繹不絕，較秦漢時期更興盛，烹調技藝比以往更講究，競爭力也藉此提高，尤其在大唐時代，宮廷中更因為有外邦使節頻仍進貢，皇帝威權統治，宮宴每頓都有名堂，從廚房到上菜，百餘人服侍，可謂極度奢華考究而且非常富有創意，民間烹調技術簡直不能與之相提並論，蔚為中國餐飲文化的一種特色，稱之為宮廷菜，今日若欲享用類似的餐宴，清朝的滿漢全席更是餐飲業的代表，其源自於北平菜。到了清末明初，通商口岸使得西方餐飲在沿海城市普及，使得中國的餐館和西餐開始呈現文化交流，當時上海江西餐稱作大菜，為中國各地招牌菜融合與發揚光大的時期。為了滿足洋人的民生需求，中國各地傳統菜餚也感受到與其他地區菜餚的商業競爭氣息和西方飲食文化引進的影響，紛紛在烹調與口味上樹立招牌獨立門戶，發展出中國非常有名的六大菜系——北平菜、江浙菜、上海菜、四川菜、湘菜、廣東菜。

第二節 餐飲業之類型

世界各國對於餐飲業的分類都有各自的標準，除了各國政府的規定外，世界型的組織像是聯合國世界觀光組織也對餐飲業的分類訂定出一套分類方式。以下整理出世界觀光組織、英國、中華民國的交通部和經濟部的餐飲業分類標準相互比較。

一、世界觀光組織

聯合國世界觀光組織將餐廳分類爲以下6類：

(一)酒吧和其他飲酒場所

主要是指無論是否提供娛樂節目，專門以賣酒或兼賣餐飲而對大眾開放的酒吧或其他飲酒的場所。

(二)提供各項服務之餐廳

主要是指無論是否賣酒或是否提供娛樂性節目，提供大眾用餐且附有席位的餐廳。

(三)速食與自助餐廳

主要是指專門爲大眾提供食物服務，但僅有櫃臺卻沒有附座位的速食、自助餐廳。

(四)各機關內之福利社

主要是指各機關內附設的福利社，它大多數都會兼賣酒類，如大學、軍事基地及商用機場等地的福利社。

(五)小吃亭、自動販賣機、點心站

主要是指爲大眾開放的露天固定或可移動式的飲食攤販。

(六)夜間俱樂部、劇院

主要是指提供膳食或酒類並有娛樂節目的場所，如夜總會、劇院（不論餐飲收入是否爲其主要收入來源）。

二、英國標準產業分類

歐美各國對餐飲業之分類，大部分依據英國標準產業分類SIC來分類，將餐飲分為2大類。

(一)商業型餐飲業

1.一般市場餐飲業

此類型餐飲業主要以一般顧客為服務的對象，並非是特定身分或特定的消費者，可簡單分為4類。

(1)餐廳——家庭餐廳、美食餐廳、特色餐廳。

(2)旅館內的餐廳、客房餐飲服務。

(3)外送服務（Delivery Service）。

(4)小酒吧。

2.特定市場餐飲業

此類型餐飲業以特定身分的消費者為服務對象，並非一般社會大眾，可簡單分為3類。

(1)學校機關團體的餐廳。

(2)俱樂部的餐廳。

(3)運輸業的餐廳，如火車、郵輪，以及飛機上的空中廚房。

(二)非商業型餐飲業

1.學校、機關團體的餐廳（Institutional Feeding），如醫院、監獄。

2.員工餐廳，如公司員工餐廳。

三、交通部觀光局分類

根據交通部觀光局《觀光統計定義及觀光產業分類標準研究》餐飲業之分類標準，將餐飲業區分為6大類。

㈠餐飲業：領有執照且專門經營中西各式餐食的餐廳、飯館、食堂等行業，例如中式、西式、日式、素食之餐館業。

㈡速食餐飲業：包含漢堡店、炸雞店、披薩店、歐式、中式與日式之自助餐店、中式速食店及西式速食店。

㈢小吃店業：凡從事便餐、麵食、點心等供應的行業都屬於小吃店業，其中包括點心店、燒臘店、山味餐店、野味飲食店、土雞城等。

㈣飲料店業：專門經營以茶類、咖啡、冷飲、水果等行業，例如茶藝館、冰果店、泡沫紅茶店、冷飲店等。

㈤餐盒業：餐盒業又稱便當業，指提供餐盒之餐飲業者。

㈥其他飲食業：如啤酒屋、酒吧、特殊風味餐廳等。

四、經濟部分類

依據經濟部商業司所頒訂《中華民國行業營業項目標準》，將餐飲業區分為4大類。

㈠飲料店業：從事非酒精飲料服務之行業。如茶、咖啡、冷飲、水果等點叫後隨即供顧客飲用之行業，包括茶藝館、咖啡店、冰果店、冷飲店等。

㈡飲酒店業：從事酒精飲料之餐飲服務，且不提供陪酒員之行業。包括啤酒屋、飲酒店等。

㈢餐館業：從事中西各式餐食供應點叫後立即在現場席位坐下食用之行業。如中西式餐館業、日式餐館業、泰國餐廳、越南餐廳、印度餐廳、鐵板燒店、韓國烤肉店、飯館、食堂、小吃店等，包括盒餐。

㈣其他餐飲業：從事上述飲料、飲酒、餐館細類之其他餐飲供應之行業。如伙食包辦、辦桌等。

依菜式區分：

包含中餐廳菜式、西餐廳菜式、美式、歐式以及速食餐廳、日本料理及韓國料理。

依服務方式區分：

(一)餐桌服務（table service）

餐桌服務又稱爲「全套服務餐廳」，主要是以服務一套固定餐食宴席的顧客，通常是由服務員向顧客介紹菜單，顧客點餐後即可享受餐食，所有的餐具及食物皆由服務員提供及準備。餐桌服務的餐廳較重視用餐環境、設施之高雅氣氛，餐廳備有餐桌椅及相關服務設施，如音響、休閒娛樂設備等。

供餐食服務方式均依照客人需求來點菜，再由專業服務人員依客人所點叫之餐食來供應，所有菜餚均由服務員從廚房端親自端送至餐桌給客人，較高級餐廳兼採旁桌服務。

(二)櫃臺服務（counter service）

櫃臺服務的方式主要是由顧客點完餐點後，由工作人員在開放式的透明廚房（open kitchen）裡面製備食材，讓顧客能夠清楚的看到餐點的製作方式與過程，然後再將製備好的餐食提供給顧客。如麥當勞、肯德基、漢堡王、摩斯漢堡等速食餐廳均屬於此類服務。

(三)汽車餐飲服務（drive-in service）

汽車餐飲服務的方式又稱爲得來速（drive-through/drive-thru），這種形式的商業服務最早出現在1940年代的美國，之後傳遍全世界，主要是隨著汽車交通工具的發達，提供開車的顧客可以留在車內進行窗口點餐、付款及取得餐飲之服務方式。

(四)外賣服務（take-out service）

外賣服務是由顧客透過電話或網路訂購，到特定地點取餐，且不在餐廳內使用餐點，許多披薩店均使用這種外賣經營的模式，店內只配置廚房且不提供座席。

(五)自助餐服務（self-service service）

(1)Cafeteria

由客人自行從供餐臺拿取餐食，再依其所取餐食之類別、數量至櫃臺出納結帳，然後才做進餐的供食服務方式，如速簡自助餐廳。

(2)buffet

自助餐服務的方式又稱爲隨你吃到飽的用餐（all you can eat），服務員會爲顧客提供一些簡單收拾餐盤的桌邊服務，屬於有限的餐桌服務，幾乎完全由顧客自助取用餐點，其計價以「人次」爲單位。

(六)自動販賣服務（vending machine service）

自動販賣服務指一般常看到自動販賣機，專門販售一些簡單的包裝餅乾、罐裝咖啡、茶飲料等，以自動投幣的販賣方式爲主。

(七)其他供食服務的餐廳（others）

除上述各類型餐廳之外，尙有外送服務（Delivery service）、溫飽式餐館（Filling station）等。

依餐廳經營方式區分：

(一)獨立經營（independent restaurants）

獨立經營的餐廳是指由一個或數個合夥人共同經營的餐廳，大多以餐廳的獨特風格與餐點特色來吸引顧客，但盈虧由營運者自行負責，故風險相對較高。（高秋英，1999；蔡界勝，2007）：

(1)餐飲業獨立經營的優點有：

資金運用彈性高，餐廳營運者可自行訂定作業模式，與運用自己的know-how來經營管理餐廳。實現個人期望、特色與創意。菜單具創意與彈性、餐廳的利潤是由餐廳經營者個人所擁有。促銷宣傳等經費和效果較容易達成平衡。

(2)獨立經營的餐廳缺點有：

打開知名度、建立口碑過程辛苦、易感受市場的競爭、技術開

發有限無支援系統。

(二)連鎖加盟（Chain restaurants）

經營獨到的經營理念，分別爲品質（quality, Q）、服務（service, S）、清潔（clean, C）、價值感（value, V）。主要是運用雄厚的財團資金、標準作業流程及科學化的強勢行銷策略。

1. 餐飲業連鎖化經營的優點有：

統一建立品牌：如大量進貨可有效壓低進貨成本，且統一品牌共同宣傳、訓練人力及減低廣告費用等。另外，各分店也可利用總店所發出來的資訊，並使用顧客完整認知的現有品牌，以及總店完整的know-how轉移技術等知識。

易尋得地點，獲得貸款：連鎖經營的餐廳因本身具有一定的品牌以及知名度等優勢條件，所以比較容易找尋找到好的分店地點，也較容易獲得銀行的貸款支持。

2. 連鎖化經營的餐廳缺點有：

欠缺獨特性：複製總公司的經營模式與標準工作流程內容，容易缺乏經營者自己獨特的經營風格與思想。

需支付高額加盟金及權利金：連鎖經營需要支付加盟金及權利金等高額的費用，所以其代價與成本相對而言較高。

依供應餐食時間區分：

包含早餐、早午餐、午餐、下午茶、晚餐及宵夜。

第三節　餐飲業之組織架構與職掌

一、組織的基本概念

經營餐飲業是一件很辛苦的事，要想經營好一間餐廳並讓它成功地持續經營下去的話，那在一開始規劃一家餐廳的經營架構時就要做好萬全的準備，像是每個人的工作權責，主廚、侍者（servicer）、餐廳

經理每個人擁有的權利和責任不同。部門化的分工方式會讓餐廳運作更有效率，而上級跟下屬的溝通程序方式的不同也會影響到一間餐廳的運作。茲將餐廳於管理中，主要各詞介紹如下：

一、管理幅度 （Span of Control）	每一位管理者能有效管理部屬的人數。
二、賦予權責 （Delegation of Authority & Responsibility）	將對等的「權利」與「責任」賦予特定的個人，來完成組織裡所交辦的任務。 ⑴權利：經理指導他人採取行動的一種權利，是組織內由上而下來貫徹的。 ⑵責任：按設計好的活動來表現的一種「義務」，不能再委託或轉移給他的下屬來執行。 ⑶賦予：在組織裡將特定的工作及權利分配給特定的個人。
三、部門化 （Departmentalization）	將相關工作單位的活動組成一個群體，用以實踐組織的分工。
四、混合式組織型態 （Line & Staff）	⑴直線式（Line）：上下責任清楚，上對下交付任務和命令。 ⑵幕僚式（Staff）：屬於顧問性質，本身不對其他員工下達命令，僅提供專業知能和意見。 ⑶混合式（Line & Staff）：將直線式與幕僚式之優點縱橫交錯，相輔相成，達到經營之最高目標，為近代餐飲業普遍採用。

二、工作設計（Design of Job）

每位餐廳的員工都有自己所屬的職稱，職稱所代表的不只是工作的內容，它也代表著這個職稱在組織所在的層級和地位，而每個職稱所說明的工作內容也進而表達出擔任此職位的人所具備的條件和能力。針對餐廳業者於工作設計方面一開始營業，必須嚴謹作好以下之定位：

一、工作頭銜 （Job Title）	在諸多工作之中，能突顯該工作的不同點，通常工作頭銜都可表達該工作在組織裡的層級和地位。
二、工作分析 （Job Analysis）	經由觀察及研究的一種組織化決策過程，以確定與特定工作性質相符的資訊說明。

三、工作分配 （Job Assignment or Job Distribution）	工作分配：依工作分析所得，依每個員工的特性不同，分配到不同的部門、不同的組織層級當中，分別賦予適當的工作，使其各得其所，而能人盡其才。
四、工作分類 （Job Classification）	工作分類：把工作定義成許多的類別和等級，再將相同工作價值的工作，安置在相同的薪資給付層級當中，好讓工作的進展能夠順利。
五、工作說明 （Job Description）	明確地指出能使工作表現順利成功的必要能力、技能或特點的工作描繪。應包含如下： (1)工作頭銜及工作分類。 (2)工作的主要職責所在。 (3)工作之間的相互關係。
六、工作條件 （Job Specification）	指適合於特定職位的適合人選，應具備的相對條件如：儀表、身高、體重、教育程度、身心狀況等。

三、組織架構的類型

　　一間餐廳的規模大小會影響它的組織架構，一間自給自足的小餐廳架構相較於一間大間連鎖餐廳的組織架構小很多，而餐廳在經營前就要先決定餐廳的定位，像是這家餐廳是針對上流社會的高價位餐廳，還是針對學生族群的低價位複合餐廳，和這家餐廳所設立的地區是位於北中南區的郊區還是市中心，這些因素都會影響一家餐廳組織架構的類型。綜合市場上的餐廳，依其組織架構可分下列五種類型：

一、簡單型	組織架構較單純，層級區分少，工作制度標準化的程度也較少，管理權力大多集於一人或一單位的「集權管理」模式，大多為剛開始營業的組織或中小企業。
二、功能型	將各專業領域不同的人集合於一單位，再由組織指派專人領導管理，以專業技能換取實質經濟效益。
三、產品型	也可稱「品牌」，適用於組織產品較多，或欲以品牌區分市場的機構。該組織架構下的各單位，獨立營業並自負盈虧。
四、矩陣型	它結合功能型與產品型的優點，強調將專業人力結合運用，以減少人力支出，並加強工作之間的溝通與協調，在一定的期限內將所賦予之工作完成。
五、地區型	餐飲組織以地理區域為區分標準。例如北臺灣、中臺灣與南臺灣，北臺灣又可分北區、中區、南區等分法。

第四節　前場服務與廚務部門

一間餐廳的前場和後場或許分多部門，每個部門負責的工作都不相同，接下來要為大家介紹一間飯店中，餐飲方面通常都分作哪幾種部門，每個部門的工作職責為何？而每個部門最大的負責人又需要做哪些工作？

1. 餐飲部職責：

   (1)餐飲部（Food & Beverage）為飯店中的主要部門，其辦公室內設有經理和副理各一人，另有祕書及辦事員，他們共同負責指揮此部門全體員工的行政管理工作。其管轄範圍涵蓋餐廳部、飲務部、宴會部、廚務部、餐務部、餐飲業務部、客房餐飲服務（Room Service）部等皆受其指揮工作，共同完成企業體中所有關於餐飲部分的工作。

   (2)餐飲部經理（F&B Manager）的工作職責是：協調餐飲各部門之工作調派、了解餐飲市場需求、供應美酒佳餚、領導與溝通協調。

2. 餐廳部或餐飲服務部職責：

   (1)餐廳部或餐廳服務部（Restaurant Service）主要負責飯店內各餐廳食物和飲料的銷售服務，以及餐廳的外場布置、清潔工作、訂位的連繫、安全與衛生的管理，內設有各餐廳經理、領班、領檯、餐廳服務員以及服務生。

   (2)餐廳服務經理（Restaurant Service Manager）的工作職責是：服務工作之標準作業流程擬定及執行、對預算的編列與執行、處理餐廳所有的顧客抱怨、對餐廳員工的工作分配及管理。

3. 飲務部的職責

   (1)飲務部（Beverage）主要負責飯店內各種飲料的管理、儲存、銷售與服務之執行單位。

   (2)飲務部經理（Beverage Manager）的工作職責為：標準化飲料調製

作業的擬定及執行、服務工作之標準作業流程的擬定及執行、酒類飲料的採購之協商、舉辦酒單及飲料單的促銷及推廣。

4. 宴會部的職責：

⑴宴會部（Banquet）負責接洽一切訂席、會議、酒會、聚會、展覽等業務，以及負責會場布置及現場服務等工作。對飯店或某些大型餐廳而言，宴會部是的相當重要且豐厚的收入來源。

⑵宴會部服務經理（Banquet Service Manager）負責的聚會類型有餐會（Dining Party）、酒會（Cocktail or Champagne Party）、集會或會議（function）、自助餐會（buffet）和其他聚會（Other Events）

5. 廚房部／廚務部的職責：

⑴廚房部／廚務部（Kitchen）負責食物、點心的製作及烹調，控制食品的提領，協助安排宴會事宜與擬定餐廳之菜單。

⑵中央廚房（Central Kitchen）通常被設立於5星級飯店中，在規模較大的5星級飯店裡，除了每個配屬於餐廳單位的個別廚房之外，會再設置「中央廚房」，將飯店內所有生鮮物料做「初級處理及前置處理」後，再分發到飯店其他各個廚房去。

⑶（執行／行政）主廚（Executive Chef）為行政工作的總負責人，他不必親自下廚，工作內容為協調及領導各個廚房的經營運作為主。執行主廚並不分中式或西式廚房專有，一家飯店只編制一名。副（執行／行政）主廚（Executive Sous Chef）為行政主廚的代理人。

⑷單位主廚（Head Chef）為各個廚房的實際負責人，負責掌管廚房內所有烹調製備工作。單位副主廚（Sous Chef）負責協助主廚完成所有廚房內部製備工作，亦為其職務代理人。

⑸各級廚師（Cook Chef）以餐食的製備為主要工作職掌。助手（Apprentice）為廚房的各級單位都有其助手或學徒。

※執行主廚＝行政主廚＝行政總主廚＝總主廚。

6. 餐務部（Steward Dept.）的主要職責是負責飯店中各餐廳之蟲害防治及餐具清潔兩大工作。其工作內容整理如下：

餐具洗滌作業	(1)洗碗機的操作。(2)清潔劑的使用。(3)洗碗機的擺設與運作。
清潔與衛生	(1)廚房的清潔與檢查。(2)餐飲衛生。
蟲害防制	確認蟲害的種類並撲滅，防止其汙染，阻隔其傳染途徑。
垃圾處理	(1)垃圾分類。(2)空瓶收集。(3)垃圾清運。
餐具的維護	(1)銀器餐具的維護：浸泡、打磨、刨光。(2)瓷器餐具的維護。(3)玻璃器皿的維護。
營業器皿的管理	(1)生財設備與器皿的分類。(2)營業器皿的分類。(3)營業器皿的材質與製作。(4)營業器皿的種類與用途。(5)營業器皿的管理。
宴會營運之支援	(1)人員的支援。(2)營業器皿的支援。

※餐務部的負責人為餐務部經理（Chief Steward）Department = Dept.

7. 餐飲業務部的工作職責
   (1)餐飲業務部（F&B Sales）負責餐飲部所有業務推廣及餐飲行銷工作，其中對於「宴會部」的幫助最顯著，除了設有「業務部經理」、「業務代表」之外，最直接的就是設置於飯店大廳「訂席組」，主要工作為接受客人對大型宴會廳的使用預訂。
   (2)餐飲業務部經理（F&B Sales Manager）要和餐飲部經理共同負責，推動餐飲業務，並居中協調，提供最佳餐飲安排並維護與顧客之關係。餐飲業務代表（F&B Sales Rep.）則對業務部經理負責，推動餐飲業務，居中協調，提供最佳餐飲安排，並維護與顧客之關係。

8. 客房餐飲服務部（Room Service Dept.）
   隸屬於5星級飯店的「餐飲部」之「客房餐飲服務部」，其主要服務對象以想要在客房內用餐的房客為主。服務項目以「早餐」為居多，點餐的方式可用電話向「電話點菜員」（Order Take）訂餐，或是以「門把菜單」（Doorknob Menu）或稱為早餐的「門把掛

單」（Door Hanger）的方式爲主。其設備在房間內有「客房餐飲菜單」、「客房餐飲服務推車」，由「客房餐飲服務員」負責對房客之服務。

此外，服務將在預約時間內送餐到客房，服務員不必等候或服務，只要將餐點按時送達即可。在送完餐點的半個小時左右，再到客房去收拾餐具即可，收餐具的時候不必收現款，但應請房客確認並簽帳單，待房客退房遷出時再一併付款即可。

一般餐廳的組織架構分四部分：

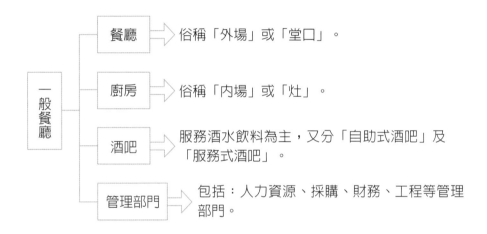

飯店旅館的部門組織架構，則可分以下幾個部門：

茲將飯店裡餐廳的工作人員之工作內容。詳細說明如下：

1.餐廳部的組織架構：分成傳統法式的組織架構及美式組織架構兩部。

(1)傳統法式的組織編制

①正規組織編制

中文名稱	法文名稱	工作職掌
收拾員	Commis Débarrasseur	服務桌的清潔及整理，搬運殘盤到餐務區，補足備品。
傳菜員	Commis de Suite	將客戶點菜單傳遞至廚房，端送菜餚到服務桌。
助理服務員	Commis de Rang	倒開水，自餐桌的殘盤收拾等。
半服務員	Demi Chef de Rang	也稱副服務員，配合服務員完成區內全部服務工作。
服務員	Chef de Rang	餐廳服務之主角，負責點酒水、點菜，領導區內全部服務人員，完成服務工作。
領班	Maître d'Hôtel de Carré	為最初級的第一線管理人員，若服務員太忙，則代為點酒水、點菜，其他如切割服務（Carving Service）、旁桌服務（Side Service）還有清潔工作也是他的工作內容。
主任	(Premier) Maître d'Hotel	首席領班之意，帶領全餐廳的服務人員，致力於全部服務工作的完成，並且處理客人抱怨，也代表外場與餐廳內場人員協商溝通，他是餐廳外場服務工作的總指揮。
經理	Directeur de Restaurant	整個餐廳內外場的總負責人。（內場含廚房、吧檯、餐廳出納等。）

※Premier = First

②特殊組織編制

中文名稱	法文名稱	工作職掌
葡萄酒服務員	sommelier = Chef de Vin	負責全部葡萄酒的服務工作，地位相當於領班，通常有一或兩位助理葡萄酒服務員協助其葡萄酒的服務工作。
切割員	Trancheur	位階也同於領班，負責切割大塊爐烤肉（Roast）、開胃品與點心車之服務工作。
領檯員	Réception Maître d'Hôtel	接待員之意，負責接聽電話、接受訂位、大門入口迎賓、帶位與歡送賓客。

⑵美式餐廳組織編制：

①正規組織編制

中文名稱	英文名稱	工作職掌
男／女服務生	Bus boy/Bus girl	Bus有搬運的意思。負責收拾、搬運餐具為主。
資淺服務員	Junior Waiter Junior Waitress	雖有相當的工作能力，但經驗較淺。
資深服務員	Senior Waiter Senior waetress	負責服務區內的全部服務工作，主要工作為點酒、點菜等，並且指揮服務生及資淺服務員一起完成服務工作。
領班	Captain (Junior or Senior)	為最初級的第一線管理人員，指揮並推動區內服務工作能順利完成（有時可分資深與資淺領班）。
服務副理	Assistant Service Manager	一般獨立餐廳直呼「副理」，在旅館內為強調其餐飲服務的專業，故稱「服務副理」。協助經理完成餐廳的一切管理工作，也是經理的代理人。
服務經理	Service Manager	經常與外場、廚房、酒吧和管理部門保持聯絡與協調，並確實掌握餐廳內外場的順暢運作，將對整個餐廳負全部責任。

※Assistant = Asst.

②特殊組織編制

中文名稱	英文名稱	工作職掌
領檯員	Hostess/Greeter	主要負責接聽訂位電話、劃位、帶位、協助客人就座等，男稱之Greeter，女稱之Hostess。
葡萄酒服務員	Wine Waiter、Wine Steward、Wine Butler	也稱葡萄酒侍者，隨著葡萄酒的風行，新式餐廳也設置葡萄酒服務員。
調酒員	Bartender	美式酒吧的飲料以雞尾酒（Cocktail）飲料為主，因此也設置調酒員的編制，位階同於服務員。

2.廚房的組織架構，這部分可分成西式及中式廚房來加以說明：

(1)西式廚房的組織架構如下：

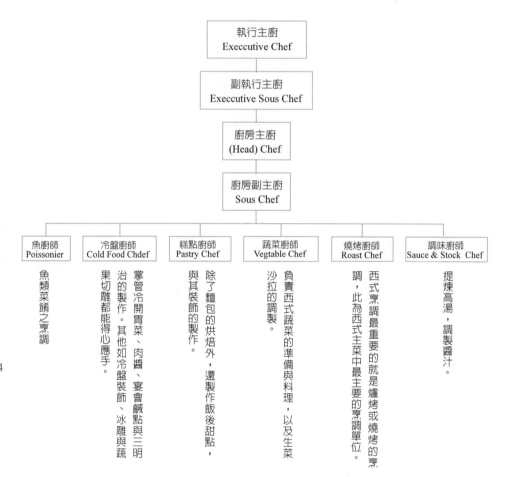

執行主廚
Execcutive Chef

副執行主廚
Execcutive Sous Chef

廚房主廚
(Head) Chef

廚房副主廚
Sous Chef

魚廚師 Poissonier	冷盤廚師 Cold Food Chdef	糕點廚師 Pastry Chef	蔬菜廚師 Vegtable Chef	燒烤廚師 Roast Chef	調味廚師 Sauce & Stock Chef
魚類菜餚之烹調	掌管冷開胃菜、肉醬、宴會鹹點與三明治的製作。其他如冷盤裝飾、冰雕與蔬果切雕都能得心應手。	除了麵包的烘焙外，還製作飯後甜點，與其裝飾的製作。	負責西式蔬菜的準備與料理，以及生菜沙拉的調製。	西式烹調最重要的就是爐烤或燒烤的烹調，此為西式主菜中最主要的烹調單位。	提煉高湯，調製醬汁。

⑵中式廚房的組織架構如下：

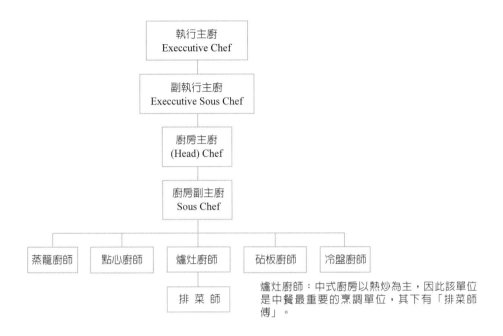

執行主廚
Exececutive Chef

副執行主廚
Exececutive Sous Chef

廚房主廚
(Head) Chef

廚房副主廚
Sous Chef

蒸籠廚師　點心廚師　爐灶廚師　砧板廚師　冷盤廚師

排 菜 師

爐灶廚師：中式廚房以熱炒為主，因此該單位
是中餐最重要的烹調單位，其下有「排菜師
傅」。

3.飲務部的組織編制

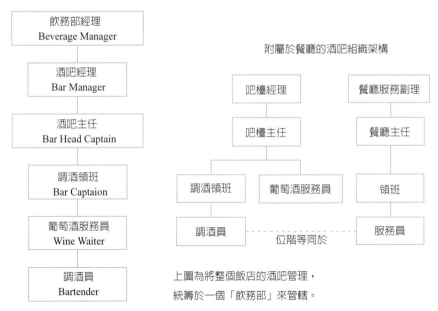

飲務部經理
Beverage Manager

酒吧經理
Bar Manager

酒吧主任
Bar Head Captain

調酒領班
Bar Captaion

葡萄酒服務員
Wine Waiter

調酒員
Bartender

附屬於餐廳的酒吧組織架構

吧檯經理　　　餐廳服務副理

吧檯主任　　　餐廳主任

調酒領班　葡萄酒服務員　　領班

調酒員　　位階等同於　　服務員

上圖為將整個飯店的酒吧管理，
統籌於一個「飲務部」來管轄。

＊ Wine Waiter = Wine Steward = Wine Butler = Sommelier = Chef de Vin

4.宴會部的組織編制

宴會廳有許多「集會」（Function）與「聚會」（Event），但該單位不會有太多的人員編制，因此會聘請許多部分工時人員與臨時工來服務。茲將宴會部之組織架構及各職位負責之工作整理如下：

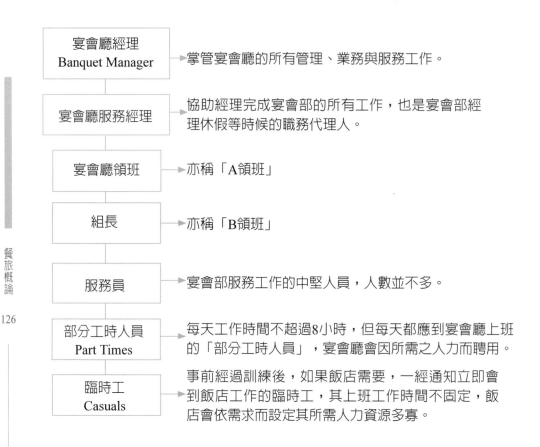

第五節　餐飲部與其他單位的關係

在一家旅館中，部門跟部門間的工作都要相互配合，餐飲部門當然也不例外，餐飲部是旅館中重要的部門之一，所以餐飲部要跟其他部門在工作或溝通上配合得很好，這樣才可以將一家旅館維持良好的經營，

接下來爲大家整理出餐飲部跟其他部門的關係。

1. 餐飲部與客務部（Front Office Dept.）

(1)總機 Telephone Operator	是飯店的「無形接待員」與「無行銷售員」，介紹飯店與餐廳的設施、設備，並轉接電話到各餐廳。
(2)服務中心 Bell Service	門衛（門僮）負責引導交通，回答問題並代客停車。行李員（Bell）則負責引導客人到餐廳。
(3)大廳副理 Asst. Manager	對於各種突發狀況的處理，諮詢服務（Information）及顧客抱怨處理（Complaint Handling）。
(4)櫃臺（客務部） Front Desk	餐飲部依櫃臺提供的住房比例，安排第2天餐廳外場的班表，特別是「早餐」與「客房餐飲服務」的部分。

2. 餐飲部與房務部（Housekeeping Dept.）

(1)洗衣房	餐廳所有的布巾類都是由客房部轄下的洗衣房負責。
(2)公共區域	餐廳以外的所有公共區域之清潔工作皆由房務部負責。
(3)蟲害防治	餐飲組織中的餐務部與房務部，共同負責蟲害防治的工作。
(4)花的供應	餐廳的花是由房務部的花房所供應。

3. 餐飲部與財務部（Financial or Accounting Dept.）

(1)餐廳出納 （Restaurant's Cashier）	餐廳出納員的工作地點位於各餐廳，但卻屬於「財務部」管轄。
(2)櫃臺出納 （Front Desk Cashier） （FDC）	飯店的房客在館內消費，可以「先消費、C/O時再付款」，櫃臺出納要處理房客在館內的一切消費帳項。櫃臺出納亦不屬於「客務部」之櫃臺，而是隸屬於「財務部」管轄。
(3)薪資 （Payroll）	餐廳之薪資均由財務部薪資組審核後發給員工。
(4)成本控制 （Cost Control）	餐廳經營之「餐飲材料成本」的控制，「勞務成本」與「其他費用」的控制等，均交由財務部的成本控制室集中管理。

4. 餐飲部與採購部（Purchasing Dept.）

(1)餐飲務料的採購	(1)餐食採購。(2)飲料採購。(3)設備及補給品採購。
(2)餐食物料的儲存	(1)餐食冷凍、冷藏庫。(2)飲料冷藏庫。 (3)設備與補給品儲藏庫。(4)乾貨儲藏庫。
(3)餐飲物料的 驗收與發放	(1)餐飲物料的驗收。 (2)餐飲物料之發放。

註：餐廳物料之驗收、儲存、發放，並不隸屬於採購部，應屬於財務部，只是
　　方便作業流程。

5. 餐飲組織（餐飲部）與其他部門（後場部門）的關係：

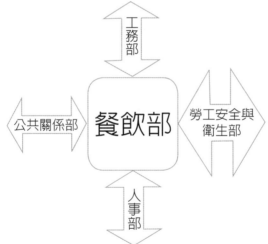

餐廳之設備器具如果發生故障，應填寫
「請修單」，送「工務部」派人檢修。

公共關係部門應協助餐廳的形象
建立與促銷活動，公關部之「美
工組」與店內促銷活動息息相關。

飯店、餐廳現在也屬《勞工安全
與衛生法》轄管的範圍。飯店之
勞工安全與衛生部屬「任務編組」，
大部分工作應由餐廳員工落實。

1. 餐廳人力資源的調配。
2. 餐廳新進員工的協助訓練。

餐飲內部各單位的關係

餐廳與廚房 （Kitchen Dept.）	餐飲部以「餐廳」與「廚房」為兩大主要單位。
餐廳與餐務部 （Steward Dept.）	餐務部以供應所需的各種「生財器具」為主要工作，也負責其清潔、保管與維護保養的工作。
餐廳與飲務部 （Beverage Dept.）	負責餐廳所有酒水飲料的銷售、服務與管理的工作。
餐廳與採購部 （Purchasing Dept.）	負責採買餐廳內所有食品、飲料、餐具、日用品及其他物料、備品。特別是生鮮物料，為確保物料的品質、數量、進價、採購規格等狀況良好，應和餐廳經理與廚房主廚連繫後再做決定。
餐廳與宴請部 （Banquet Dept.）	負責安排各類會議、集會、餐會、酒會、展覽等業務之場地布置、服務、接待等工作。
餐廳與管制部	管制部（管理部）屬於獨立的單位，以控制物料及食材成本為主要工作，在5星級飯店屬於財務部的管轄範圍。
餐廳與庫房 （Warehouse）	庫房屬於5星級飯店內財務部之轄下，採購部所採買的物料如果是每日消耗的「生鮮物料」，應將之儲存在「廚房」的冷凍、冷藏庫內，如果是其他的物料，則應送到飯店的大庫房去儲存。一般的庫房存貨量約為3～5天的銷耗分量。

壹、鼎泰豐

歷史沿革

創立於1958年的鼎泰豐，在1972年由原來的食用油行轉型經營小籠包與麵點生意。

開賣小籠包後，便用心專注於品質與服務的提升，來自四面八方的佳評如潮，並在各家美食報章雜誌的介紹下，漸入佳績，至今不僅是一

般市民的最愛，更是許多政商名流、國際級影星讚不絕口指定必嚐的頂級美食。1993年1月17日，鼎泰豐被《紐約時報》評選為全球10大最具特色的餐廳之一，且更被評選為世界10大餐廳中的唯一華人餐廳。

其餘相關資料，請參見http://www.dintaifung.com.tw/tw/default.htm

課後問題

問題討論：鼎泰豐這幾年積極拓展對岸及東南亞等海外市場，如何達到精緻的餐飲水準與高級的服務品質？

貳、茹絲葵牛排餐廳

走進茹絲葵，如同走進5星級大飯店般，依循傳統美式牛排館的風格，用木料、黃銅、玻璃打造出舒適而非精緻的空間。從貴族般的紅木裝潢到讓顧客享受尊貴的禮遇，各種小細節的服務皆為高品質，尤其現今服務餐飲業供餐差異性不大，在競爭激烈的環境下，服務品質便成為經營成敗的關鍵之一。

擁有美國牛排屋的精神，牛排就是「茹絲葵」的主角。提供的各式餐點都是由品質最優的牛排肉製成，在嚴格挑剔把關之下，絕對確保新鮮品質，所提供餐點美味程度也備受肯定。

其他相關資料，請參見http://www.ruthschris.com/Restaurant-locations/taipei

課後問題

問題討論：茹絲葵之行銷策略中，訂價是採高價位之戰略，它如何面對中、低價位之連鎖牛排餐廳？

第六章

餐飲產業之經營與管理

第一節 消費者的需求

俗話說：「民以食爲天」，人只要活著就要吃，因此，就這個觀點來看餐飲業是個永遠被需要的行業，也因爲這個原因，餐飲業成爲創業的首選行業之一。要在臺灣這個美食王國中占有一席之地，除了提供的餐點要很美味外，也要充分了解消費者的喜好和需求，在經營一家餐廳時，如果可以站在消費者的角度來看餐廳，想想看消費者一進餐廳會最先注意到什麼？餐廳內有什麼擺設或服務方式可能會引起顧客的反感？從消費者的角度來看餐廳的缺失加以改進。以下從馬斯洛的需求理論和巴納得的公平理論觀點運用在餐飲業的經營和管理上。

1.需求層次理論—馬斯洛的5種需求層次理論

生理部分的需求	生理需求 Physiological Needs	餐廳內新鮮的空氣、沒有廚房的油煙味、溫度舒適、飲水無雜質及氯味、美味佳餚不致於發生食物中毒等。
	安全需求 Safe Needs	火災預防及各種設施完善，逃生道路通暢，自動偵煙器、灑水器及消防栓等一應俱全。
心理部分的需求	社會需求 Social Needs	(1)標準化的服務：按「標準作業流程」執行一視同仁的服務方式。
	自尊需求 Esteem Needs	(2)個別化的服務：針對個別的客人之個別需求而設定的服務，如客人的姓名、嗜好、特殊需求等。 (3)特別服務的方式：採用特別服務的方式，可進一步滿足消費者的好奇心。
	自我實現需求 Self Actualization Needs	(4)時下較流行的有：推車服務、現場切割、現場烹調、沙拉吧、開放式廚房。

※標準作業流程簡稱SOP（Standard Operation Process）

2.公平理論：

爲心理學家「巴納得」（Barnard）提出來的理論，原意指員工們從公司得到的利益，與他們爲公司所付出的心血，在心中做衡量。

此法也可應用於餐飲服務業上的比較：

(1) ⎰ 員工投入 = 報酬 ⟶ 員工情緒可以達到平衡。

　　 ⎱ 餐飲服務內容 = 客人消費支出 ⟶ 滿足平衡，可能下次想
　　　　　　　　　　　　　　　　　　　　要再來消費。

(2) ⎰ 員工投入 > 報酬 ⟶ 可能導致員工們的心理不平衡。當餐
　　　　　　　　　　　　　 廳並未實際多付出有形的成本，而是
　　　　　　　　　　　　　 更多無形的關照

　　 ⎱ 餐飲服務內容 > 客人消費支出 ⟶ 個別化服務即被突顯出
　　　　　　　　　　　　　　　　　　　　來，顧客滿意度可能提
　　　　　　　　　　　　　　　　　　　　高。

(3) ⎰ 員工投入 ≦ 報酬 ⟶ 員工情緒可以達到平衡。

　　 ⎱ 餐飲服務內容 < 客人消費支出 ⟶ 消費者覺得划不來，因
　　　　　　　　　　　　　　　　　　　　此下次不再光臨。

　　所以，餐旅業者不斷想出很多方法，創造「滿意的服務」於顧客是永續經營之道。

第二節　服務的意義與特質

一、服務的基本概念

　　現在的行業非常講究「服務」，餐飲業也不例外，一家餐廳除了餐點吸引人以外，餐廳整體服務品質也是消費者決定是否將會再次光顧的重要關鍵。因此，下列整理出一些服務的基本觀念讓大家了解到真正的服務是要包含哪些項目。

(一)整體服務	替他人完成某事件或活動時，所牽涉的核心與周邊的服務內容。
(二)核心服務	替他人完成某項事件的主要重點內容，如：餐飲服務的核心服務為提供餐食及飲料的用餐服務。

133

(三)周邊服務	除了服務的重點內容外，不易確定為核心服務的部分，任何可能的項目均包含在內。如在餐飲服務裡，可視為周邊服務的項目有停車、訂位、裝潢、餐廳地點、識別標示等。
(四)服務產能	(1)（餐廳）產量：指能提供服務的最大容量。如：營業時間、座位數、翻桌率。 (2)（餐廳）能力：指餐廳能提供怎樣的服務內容。如：餐廳的營業內容是中餐、西餐或日本料理；能提供怎樣的飲料內容，有無專屬或獨立的酒吧等。
(五)服務經營之哲學、理念	提供服務的企業想要在服務業當中扮演什麼樣的角色，提供哪些服務內容。
(六)服務的市場區隔定位	企業依其定位和提供的服務種類，而鎖定主要的服務客群。

※翻桌率（Turnover）：餐廳的餐桌在同一用餐時段，使用超過一次以上的比例，越高表示生意越好。

二、餐飲服務的意義

「服務」為一個人對於另一個人或一群人所提供的一種幫助和使對方感到滿意的活動。這是抽象而非具體的，服務的人不會感到有任何損失的一種心理滿足活動。「餐飲服務」之精神即以親切、得體、富涵同理心的態度為人設想等心理層面的活動行為，以此滿足餐飲消費者合理的要求，並收取合理的利潤為報酬。所以從功能性的角度來分析服務，可以歸納以下的結論：

從顧客的感官來分析	說　明
(一)服務是一種感覺 Service is the feeling	服務是讓消費者感到舒適愉悅之意。 1.視覺：餐廳的裝潢，包括空間的層次、照明系統、色調的安排、鏡子及掛圖的利用、綠化的採光等。 2.觸覺：餐桌及座椅的觸感、地板及地毯的感覺、扶梯的材質、餐具及布巾的材質等。 3.聽覺：室內音樂的內容、其他噪音的大小。 4.嗅覺：烹調所產生的氣味，人群或個人的味道，各種布巾、皮革的味道、插花的香味等。 5.味覺：水的味道、嘴巴與餐具接觸的味覺、食物與飲料的味覺。

從顧客的感官來分析	說　明
(二)服務是給予而後獲取 Service is Give and Take	餐飲業：為提供服務給消費者，再獲取合理利潤的意思。 (1)這是有代價的服務，不是一種道德情操。 (2)提升利潤的方式：①有效管理「成本控制」。 　　　　　　　　　　②提升商品的「附加價值」。

三、服務的特質

服務的特質可以綜合成以下七個面向來得到認知。

1. 提供服務的主體是「人」
2. 服務是不可分割
3. 服務是不可儲存的
4. 服務是無法展示
5. 服務的感受是主觀的
6. 不當的服務無法取消
7. 滿意程度的提升有賴於溝通

四、餐飲服務的特性

　　餐飲服務的特性與一般製造業特性不同，消費者於消費之前看不到也摸不著產品，所以它具有以下五個特性。

(一)無形性 Intangibility	餐飲無形的商品如：餐飲服務態度、餐廳氣氛、接待禮儀等，這些都是服務人員與餐廳設施和客人產生互動後的心靈感受，也是不可具體測量的。
(二)異質性 Heterogeneity	餐飲服務商品不易產生一致標準化的品質，差異性經常隨著時空環境、情境與不同的服務人員、消費族群等而不同。
(三)個別性 Individuality	餐飲服務應針對不同的顧客，使顧客感覺到他的服務是個別化的服務方式。然而值得注意的是，服務人員只是針對顧客的特殊性、特質去提供服務，而非忽略其他顧客而特別禮遇這位客人。

㈣不可分割性 Inseparability	1.「生產」和「消費」是不可分割的，在服務的同時，消費也正在進行。 2.在服務流程中，雖然分由不同的人擔任，然而提供服務的所有人員對於顧客而言，仍視為一個整體，這也屬於不可分割性的一環。
㈤不可儲存性 Perishability	餐飲服務的價值乃在於即時提供餐飲產品與即時消費。產品是被點叫了之後才加以製作，也就是不可先製作後銷售。

五、餐飲業與行銷策略

餐飲業的行銷策略主要分成以下4種導向：

㈠生產導向（production orientation）

「東西只要不錯，就可以賣出去」需求大於供給、產業受到保護或當事人過度迷戀技術時，容易導致「行銷近視症」（marketing myopia）此時期需求大於供給，因而忽略行銷環境與消費者需求的變化。

㈡銷售導向（sales orientation）

「要想盡辦法把東西賣出去！」賣出既有產品、卻是不見得符合消費者需求的；此時期供給大於需求，容易產生顧客強迫購買負面感受。

㈢行銷導向（marketing orientation）

重視消費者利益，透過滿足客戶來獲取利潤。此時期為創造顧客的需要，進而滿足顧客。

㈣社會行銷導向（societal marketing orientation）

「企業除了滿足消費者與賺取利潤之外，也應致力於保護大眾社會與自然環境的利益」衍生出「綠色行銷（Green Marketing）」的觀念。

要將餐廳行銷給更多人認識，除了消費者口耳相傳外，最有效的方式就是將餐飲業與行銷結合。以下我們即將行銷學所提到的行銷4P（Product、Place、Promotion、Price）運用在餐飲業的行銷上。

1. 產品（Product）：產品是行銷組合之首，包括有形的產品與無形的服務。例如，貨品、服務、觀念、地點、人物等。將有形商品供應給消費者，在銷售策略上決定製作哪一種品質、口味之食物、飲料，以滿足顧客需求，達成營利目的。

2. 配銷通路（Place）：有優良產品產生後必須考慮如何配銷餐廳所經營的產品，例如，現場購買外，是否透過網路銷售、外帶等不同流通體系，來增加產品出售量。

3. 促銷（Promotion）：透過各種不同行銷策略，預測消費者需求，開發使消費者願意購買的產品組合，以提高效益。

4. 價格（Price）：餐廳必需訂出合理商品價格（Right Price）以吸引消費者。顧客在享用商品、接受服務後所產生的價值感（Value），如果是正面的，業者就能獲得利潤。

　　除了上述4P之外，在滿足顧客，最好能讓顧客有物超所質的感受更佳且可運用的行銷策略，還有參與人員（Participants）、實體證據（Physical Evidence）、過程（Process）、包裝（packing）等。

六、臺灣餐飲業未來發展趨勢

　　近年來，臺灣餐飲業發展突飛猛進，已成為一股強大的力量，引起國際的聚焦，逐歸納以下七點趨勢。

㈠餐廳經營方式逐漸向連鎖化、企業化、國際化趨近。

㈡便利商店速食品及家常菜代替品之需求增加。

㈢飲食心態由量多改變為質優精緻化，對餐飲品質要求將越來越高。

㈣重視菜餚特色、回歸自然，喜歡有機食物與健康料理方式，注重養生烹調。

㈤重視服務品質，提升服務水準，重視清潔衛生，開放式廚房，衛生看得見。

㈥未來餐廳主流型態兩極化：速食餐廳、豪華餐廳。

㈦重視現代餐飲文化與資訊科技的融合運用。

優勢 Strength	劣勢 Weakness
1.臺灣料理彙集華人飲食精華。 2.中小企業具備靈活、彈性及快速反應能力。 3.文化素材豐富，具備發展深度飲食之潛力。 4.農畜產品佳，食材品質優良。 5.餐飲品牌具備國際發展之潛力。	1.食材有特色但供應不穩定。 2.餐飲業創新能力有待提升。 3.品牌建立及經營概念未普及化。 4.食品衛生仍未做到極致。
機會 Opportunity	威脅 Threat
1.位於亞洲樞紐，發展觀光潛力佳。 2.國內交通日益便捷，臺灣大陸進入一日生活圈，兩岸人口往來方便。 3.國外餐飲品牌帶動臺灣美食人才發展。 4.生活步調及家庭結構改變，造成外食市場持續擴大。	1.市場變化快速，消費偏好與消費趨勢更難以掌握。 2.產業獨特性有待加強，國際行銷不易聚焦。

來源：我國明星產業競爭優勢及市場利基研究──觀光旅遊及美食期刊

七、世界各國餐飲業未來發展趨勢

民以食為天，放諸四海皆準之道理，如今世界各國餐飲業也極具變化。

㈠產品以單一地方、單一國家或單一菜系故事當道：產品之獨特性為首要。

㈡提供快速簡便的飲食趨勢，產品單純化、少量化、全球化。

㈢維繫情感的地方小吃為特色、認識地方的必需品。

㈣老少咸宜、價格公道。

㈤飯店餐廳化、旅館品牌風格的延伸，講究氣派、氣氛以及深入當地文化的體驗。

個案探討

壹、星巴克

歷史沿革

統一星巴克股份有限公司於1998年1月1日正式成立，是由美國Starbucks Coffee International公司與臺灣統一集團旗下統一企業、統一超商三家公司合資成立，共同在臺灣開設經營Starbucks Coffee門市。

美國Starbucks Coffee International公司為全球第一大的咖啡零售業者Starbucks Coffee Company之經營授權公司。Starbucks Coffee Company總裁霍華‧蕭茲先生經營咖啡事業著重在人文特質與品質堅持，強調尊重顧客與員工，並堅持採購全球最好的咖啡豆烘焙製作，提供消費者最佳的咖啡產品與最舒適的消費場所，經營Starbucks Coffee成為當今全球精品咖啡領導品牌，備受國際學者專家推崇，譽為「咖啡王國傳奇」。

其餘相關資料，請參見星巴克官方網站

> **課後問題**
>
> 問題討論：星巴克沒有媒體行銷廣告，面對龐大的競爭者依然顧客忠誠度及滿意度高，試討論其成功之要素為何？

貳、The Pizzo

由於現代人的生活繁忙，上班族有工作壓力，學生有課業壓力，長期處於精神緊繃狀態，平常吃頓飯也是匆匆忙忙，想到處旅行解放身心，但礙於金錢及各種問題，又沒辦法完成。在這種情況下，建議可以

找幾個親朋好友一起坐下，享受一份美味的餐食，在寧靜的餐廳中聊聊天，紓解平時累積的壓力，在最簡單純粹的方式下，讓疲憊的身心遠離城市的喧囂，以達到紓解壓力的目的。

Pizzo原為義大利最南端，拿波里以南靠近西西里島的一個港口小鎮。取名The Pizzo則是因為店主希望這間餐廳能提供給都市中的客人，一個簡單舒適的角落，在旅行氛圍中，能優閒享用The Pizzo為你準備的美食。這裡的食物以簡單、用料實在的家常料理為主，就像樸實小鎮生活中那些充滿記憶的味道一樣。裝潢則為現代旅行風，希望提供新竹都市的人群一個放下煩擾，享受美食的清新選擇。

其他相關資料，請參見The pizzo官方網站

課後問題

問題討論：The pizzo是間義式料理餐廳，座落於小巷弄內，地點不顯眼，如何吸引顧客而作好行銷工作？

附錄一　發展觀光條例

第一章　總則

第一條

　　爲發展觀光產業，宏揚中華文化，永續經營臺灣特有之自然生態與人文景觀資源，敦睦國際友誼，增進國民身心健康，加速國內經濟繁榮，制定本條例；本條例未規定者，適用其他法律之規定。

第二條

　　本條例所用名詞，定義如下：

一、觀光產業：指有關觀光資源之開發、建設與維護，觀光設施之興建、改善，爲觀光旅客旅遊、食宿提供服務與便利及提供舉辦各類型國際會議、展覽相關之旅遊服務產業。

二、觀光旅客：指觀光旅遊活動之人。

三、觀光地區：指風景特定區以外，經中央主管機關會商各目的事業主管機關同意後指定供觀光旅客遊覽之風景、名勝、古蹟、博物館、展覽場所及其他可供觀光之地區。

四、風景特定區：指依規定程序劃定之風景或名勝地區。

五、自然人文生態景觀區：指無法以人力再造之特殊天然景致、應嚴格保護之自然動、植物生態環境及重要史前遺蹟所呈現之特殊自然人文景觀，其範圍包括：原住民保留地、山地管制區、野生動物保護區、水產資源保育區、自然保留區、及國家公園內之史蹟保存區、特別景觀區、生態保護區等地區。

六、觀光遊樂設施：指在風景特定區或觀光地區提供觀光旅客休閒、遊樂之設施。

七、觀光旅館業：指經營國際觀光旅館或一般觀光旅館，對旅客提供住宿及相關服務之營利事業。

八、旅館業：指觀光旅館業以外，對旅客提供住宿、休息及其他經中央主管機關核定相關業務之營利事業。

九、民宿：指利用自用住宅空閒房間，結合當地人文、自然景觀、生態、環境資源及林漁牧生產活動，以家庭副業方式經營，提供旅客鄉野生活之住宿處所。

十、旅行業：指經中央主管機關核准，為旅客設計安排旅程、食宿、領隊人員、導遊人員、代購代售交通客票、代辦出國簽證手續等有關服務而收取報酬之營利業。

十一、觀光遊樂業：指經主管機關核准經營觀光遊樂設施之營利事業。

十二、導遊人員：指執行接待或引導來本國觀光旅客旅遊業務而收取報酬之服務人員。

十三、領隊人員：指執行引導出國觀光旅客團體旅遊業務而收取報酬之服務人員。

十四、專業導覽人員：指為保存、維護及解說國內特有自然生態及人文景觀資源，由各目的事業主管機關在自然人文生態景觀區所設置之專業人員。

第三條

本條例所稱主管機關：在中央為交通部；在直轄市為直轄市政府；在縣（市）為縣（市）政府。

第四條

中央主管機關為主管全國觀光事務，設觀光局；其組織另以法律定之。

直轄市、縣（市）主管機關為主管地方觀光事務，得視實際需要設立觀光機構。

第五條

觀光產業之國際宣傳及推廣，由中央主管機關綜理，並得視國外市場需要，於適當地區設辦事機構或與民間組織合作辦理之。

中央主管機關得將辦理國際觀光行銷、市場推廣、市場資訊收集等業務，委託法人團體辦理。其受委託法人團體應具備之資格、條件、監督管理及其他相關事項之辦法，由中央主管機關定之。

民間團體或營利事業，辦理涉及國際觀光宣傳及推廣事務，除依有關法律規定外，應受中央主管機關之輔導；其辦法由中央主管機關定之。

為加強國際宣傳，便利國際觀光旅客，中央主管機關得與外國觀光機構或授權觀光機構與外國觀光機構簽定觀光合作協定，以加強區域性國際觀光合作，並與各該區域內之國家或地區，交換業務經營技術。

第六條

為有效積極發展觀光產業，中央主管機關應每年就觀光市場進行調查及資訊收集，以供擬定國家觀光產業政策之參考。

第二章　規劃建設

第七條

觀光產業之綜合開發計畫，由中央主管機關擬訂，報請行政院核定後實施。

各級主管機關為執行前項計畫所採行之必要措施，有關機關應協助與配合。

第八條

中央主管機關為配合觀光產業發展，應協調有關機關規劃國內觀光據點交通運輸網，開闢國際交通路線，建立海、陸、空聯運制；並得視需要於國際機場及商港設旅客服務機構；或輔導直轄市、縣（市）主管機關於重要交通轉運地點，設置旅客服務機構或設施。

國內重要觀光據點，應視需要建立交通運輸設施，其運輸工具、路面工程及場站設備，均應符合觀光旅行之需要。

第九條

主管機關對國民及國際觀光旅客在國內觀光旅遊必需利用之觀光設施，應配合其需要，予以旅宿之便利與安寧。

第十條

主管機關得視實際情形會商有關機關，將重要風景或名勝地區勘定範圍，劃為風景特定區；並得視其性質，專設機構經營管理之。

依其他法律或由其他目的事業主管機關劃定之風景區或遊樂區，其所設有關觀光之經營機構，均應接受主管機關之輔導。

第十一條

風景特定區計畫，應依據中央主管機關會同有關機關，就地區特性及功能所作之評鑑結果，予以綜合規劃。

前項計畫之擬定及核定，除應先會商主管機關外，悉依都市計畫法之規定辦理。

風景特定區應按其地區特性及功能，劃分為國家級、直轄市級及縣（市）級。

第十二條

為維持觀光地區及風景特定區之美觀，區內建築物之造形、構造、色彩等及廣告物、攤位之設置，得實施規劃限制；其辦法由中央主管機關會同有關機關定之。

第十三條

風景特定區計畫完成後，該管主管機關應就發展順序，實施開發建設。

第十四條

主管機關對於發展觀光產業建設所需之公共設施用地，得依法申請徵收私有土地或撥用公有土地。

第十五條

中央主管機關對於劃定為風景特定區範圍內之土地，得依法申請施行區段徵收。公有土地得依法申請撥用或會同土地管理機關依法開發利

用。

第十六條

主管機關為勘定風景特定區範圍，得派員進入公私有土地實施勘查或測量。但應先以書面通知土地所有權人或其使用人。

為前項之勘查或測量，如使土地所有權人或使用人之農作物、竹木或其他地上物受損時，應予補償。

第十七條

為維護風景特定區內自然及文化資源之完整，在該區域內之任何設施計畫，均應徵得該管主管機關之同意。

第十八條

具有大自然之優美景觀、生態、文化與人文觀光價值之地區，應規劃建設為觀光地區。該區域內之名勝、古蹟及特殊動植物生態等觀光資源，各目的事業主管機關應嚴加維護，禁止破壞。

第十九條

為保存、維護及解說國內特有自然生態資源，各目的事業主管機關應於自然人文生態景觀區設置專業導覽人員，旅客進入該地區，應申請專業導覽人員陪同進入，以提供旅客詳盡之說明，減少破壞行為發生，並維護自然資源之永續發展。

自然人文生態景觀區之劃定，由該管主管機關會同目的事業主管機關劃定之。

專業導覽人員之資格及管理辦法，由中央主管機關會商各目的事業主管機關定之。

第二十條

主管機關對風景特定區內之名勝、古蹟，應會同有關目的事業主管機關調查登記，並維護其完整。

前項古蹟受損者，主管機關應通知管理機關或所有人，擬具修復計畫，經有關目的事業主管機關及主管機關同意後，即時修復。

第三章　經營管理

第二十一條

經營觀光旅館業者，應先向中央主管機關申請核准，並依法辦妥公司登記後，領取觀光旅館業執照，始得營業。

第二十二條

觀光旅館業業務範圍如下：

一、客房出租。

二、附設餐飲、會議場所、休閒場所及商店之經營。

三、其他經中央主管機關核准與觀光旅館有關之業務。

主管機關為維護觀光旅館旅宿之安寧，得會商相關機關訂定有關之規定。

第二十三條

觀光旅館等級，按其建築與設備標準、經營、管理及服務方式區分之。

觀光旅館之建築及設備標準，由中央主管機關會同內政部定之。

第二十四條

經營旅館業者，除依法辦妥公司或商業登記外，並應向地方主管機關申請登記，領取登記證後，始得營業。

主管機關為維護旅館旅宿之安寧，得會商相關機關訂定有關之規定。

非以營利為目的且供特定對象住宿之場所，由各該目的事業主管機關就其安全、經營等事項訂定辦法管理之。

第二十五條

主管機關應依據各地區人文、自然景觀、生態、環境資源及農林漁牧生產活動，輔導管理民宿之設置。

民宿經營者應向地方主管機關申請登記，領取登記證及專用標識後，始得經營。

民宿之設置地區、經營規模、建築、消防、經營設備基準、申請登記

要件、經營者資格、管理監督及其他應遵行事項之管理辦法，由中央主管機關會商有關機關定之。

第二十六條

經營旅行業者，應先向中央主管機關申請核准，並依法辦妥公司登記後，領取旅行業執照，始得營業。

第二十七條

旅行業業務範圍如下：

一、接受委託代售海、陸、空運輸事業之客票或代旅客購買客票。

二、接受旅客委託代辦出、入國境及簽證手續。

三、招攬或接待觀光旅客，並安排旅遊、食宿及交通。

四、設計旅程、安排導遊人員或領隊人員。

五、提供旅遊諮詢服務。

六、其他經中央主管機關核定與國內外觀光旅客旅遊有關之事項。

前項業務範圍，中央主管機關得按其性質，區分為綜合、甲種、乙種旅行業核定之。

非旅行業者不得經營旅行業業務。但代售日常生活所需國內海、陸、空運輸事業之客票，不在此限。

第二十八條

外國旅行業在中華民國設立分公司，應先向中央主管機關申請核准，並依公司法規定辦理認許後，領取旅行業執照，始得營業。

外國旅行業在中華民國境內所置代表人，應向中央主管機關申請核准，並依公司法規定向經濟部備案。但不得對外營業。

第二十九條

旅行業辦理團體旅遊或個別旅客旅遊時，應與旅客訂定書面契約。

前項契約之格式、應記載及不得記載事項，由中央主管機關定之。

旅行業將中央主管機關訂定之契約書格式公開並印製於收據憑證交付旅客者，除另有約定外，視為已依第一項規定與旅客訂約。

第三十條

　　經營旅行業者，應依規定繳納保證金；其金額由中央主管機關定之。金額調整時，原已核准設立之旅行業亦適用之。

　　旅客對旅行業者，因旅遊糾紛所生之債權，對前項保證金有優先受償之權。

　　旅行業未依規定繳足保證金，經主管機關通知限期繳納，屆期仍未繳納者，廢止其旅行業執照。

第三十一條

　　觀光旅館業、旅館業、旅行業、觀光遊樂業及民宿經營者，於經營各該業務時，應依規定投保責任保險。

　　旅行業辦理旅客出國及國內旅遊業務時，應依規定投保履約保證保險。

　　前二項各行業應投保之保險範圍及金額，由中央主管機關會商有關機關定之。

第三十二條

　　導遊人員及領隊人員，應經考試主管機關或其委託之有關機關考試及訓練合格。

　　前項人員應經中央主管機關發給執業證，並受旅行業僱用或受政府機關、團體之臨時招請，始得執行業務。

　　導遊人員及領隊人員取得結業證書或執業證後連續3年未執行各該業務者，應重行參加訓練結業，領取或換領執業證後，始得執行業務。

　　第一項修正施行前已經中央主管機關或其委託之有關機關測驗及訓練合格，取得執業證者，得受旅行業僱用或受政府機關、團體之臨時招請，繼續執行業務。

　　第一項施行日期，由行政院會同考試院以命令定之。

第三十三條

　　有下列各款情事之一者，不得為觀光旅館業、旅行業、觀光遊樂業之發起人、董事、監察人、經理人、執行業務或代表公司之股東：

一、有公司法第三十條各款情事之一者。

二、曾經營該觀光旅館業、旅行業、觀光遊樂業受撤銷或廢止營業執
　　照處分尚未逾5年者。

已充任為公司之董事、監察人、經理人、執行業務或代表公司之股
東，如有第一項各款情事之一者，當然解任之，中央主管機關應撤銷
或廢止其登記，並通知公司登記之主管機關。

旅行業經理人應經中央主管機關或其委託之有關機關團體訓練合格，
領取結業證書後，始得充任；其參加訓練資格，由中央主管機關定
之。

旅行業經理人連續3年未在旅行業任職者，應重新參加訓練合格後，
始得受僱為經理人。

旅行業經理人不得兼任其他旅行業之經理人，並不得自營或為他人兼
營旅行業。

第三十四條

主管機關對各地特有產品及手工藝品，應會同有關機關調查統計，輔
導改良其生產及製作技術，提高品質，標明價格，並協助在各觀光地
區商號集中銷售。

第三十五條

經營觀光遊樂業者，應先向主管機關申請核准，並依法辦妥公司登記
後，領取觀光遊樂業執照，始得營業。

為促進觀光遊樂業之發展，中央主管機關應針對重大投資案件，設置
單一窗口，會同中央有關機關辦理。

前項所稱重大投資案件，由中央主管機關會商有關機關定之。

第三十六條

為維護遊客安全，水域管理機關得對水域遊憩活動之種類、範圍、時
間及行為限制之，並得視水域環境及資源條件之狀況，公告禁止水域
遊憩活動區域；其管理辦法由主管機關會商有關機關定之。

第三十七條

主管機關對觀光旅館業、旅館業、旅行業、觀光遊樂業或民宿經營者之經營管理、營業設施，得實施定期或不定期檢查。

觀光旅館業、旅館業、旅行業、觀光遊樂業或民宿經營者不得規避、妨礙或拒絕前項檢查，並應提供必要之協助。

第三十八條

為加強機場服務及設施，發展觀光產業，得收取出境航空旅客之機場服務費；其收費及相關作業方式之辦法，由中央主管機關擬定，報請行政院核定之。

第三十九條

中央主管機關，為適應觀光產業需要，提高觀光從業人員素質，應辦理專業人員訓練，培育觀光從業人員；其所需之訓練費用得向其所屬事業機構、團體或受訓人員收取。

第四十條

觀光產業依法組織之同業公會或其他法人團體，其業務應受各該目的事業主管機關之監督。

第四十一條

觀光旅館業、旅館業、觀光遊樂業及民宿經營者，應懸掛主管機關發給之觀光專用標識；其型式及使用辦法，由中央主管機關定之。

前項觀光專用標識之製發，主管機關得委託各該業者團體辦理之。

觀光旅館業、旅館業、觀光遊樂業或民宿經營者，經受停止營業或廢止營業執照或登記證之處分者，應繳回觀光專用標識。

第四十二條

觀光旅館業、旅館業、旅行業、觀光遊樂業或民宿經營者，暫停營業或暫停經營1個月以上者，其屬公司組織者，應於15日內備具股東會議事錄或股東同意書，非屬公司組織者備具申請書，並詳述理由，報請該管主管機關備查。

前項申請暫停營業或暫停經營期間，最長不得超過1年，其有正當理

由者，得申請展延一次，期間以1年為限，並應於期間屆滿前15日內提出。

停業期限屆滿後，應於15日內向該管主管機關申報復業。

未依第一項規定報請備查或前項規定申報復業，達6個月以上者，主管機關得廢止其營業執照或登記證。

第四十三條

為保障旅遊消費者權益，旅行業有下列情事之一者，中央主管機關得公告之：

一、保證金被法院扣押或執行者。

二、受停業處分或廢止旅行業執照者。

三、自行停業者。

四、解散者。

五、經票據交換所公告為拒絕往來戶者。

六、未依第三十一條規定辦理履約保證保險或責任保險者。

第四章　獎勵及處罰

第四十四條

觀光旅館、旅館與觀光遊樂設施之興建及觀光產業之經營、管理，由中央主管機關會商有關機關訂定獎勵項目及標準獎勵之。

第四十五條

民間機構開發經營觀光遊樂設施、觀光旅館經中央主管機關報請行政院核定者，其範圍內所需之公有土地得由公產管理機關讓售、出租、設定地上權、聯合開發、委託開發、合作經營、信託或以使用土地權利金或租金出資方式，提供民間機構開發、興建、營運，不受土地法第二十五條、國有財產法第二十八條及地方政府公產管理法令之限制。

依前項讓售之公有土地為公用財產者，仍應變更為非公用財產，由非

公用財產管理機關辦理讓售。

第四十六條

民間機構開發經營觀光遊樂設施、觀光旅館經中央主管機關報請行政院核定者，其所需之聯外道路得由中央主管機關協調該管道路主管機關、地方政府及其他相關目的事業主管機關興建之。

第四十七條

民間機構開發經營觀光遊樂設施、觀光旅館經中央主管機關核定者，其範圍內所需用地如涉及都市計畫或非都市土地使用變更，應檢具書圖文件申請，依都市計畫法第二十七條或區域計畫法第十五條之一規定辦理逕行變更，不受通盤檢討之限制。

第四十八條

民間機構經營觀光遊樂業、觀光旅館業、旅館業之貸款經中央主管機關報請行政院核定者，中央主管機關為配合發展觀光政策之需要，得洽請相關機關或金融機構提供優惠貸款。

第四十九條

民間機構經營觀光遊樂業、觀光旅館業之租稅優惠，依促進民間參與公共建設法第三十六條至第四十一條規定辦理。

第五十條

為加強國際觀光宣傳推廣，公司組織之觀光產業，得在下列用途項下支出金額10%至20%限度內，抵減當年度應納營利事業所得稅額；當年度不足抵減時，得在以後4年度內抵減之：

一、配合政府參與國際宣傳推廣之費用。

二、配合政府參加國際觀光組織及旅遊展覽之費用。

三、配合政府推廣會議旅遊之費用。

前項投資抵減，其每一年度得抵減總額，以不超過該公司當年度應納營利事業所得稅額50%為限。但最後年度抵減金額，不在此限。

第一項投資抵減之適用範圍、核定機關、申請期限、申請程序、施行期限、抵減率及其他相關事項之辦法，由行政院定之。

第五十條之一

外籍旅客向特定營業人購買特定貨物,達一定金額以上,並於一定期間內攜帶出口者,得在一定期間內辦理退還特定貨物之營業稅;其辦法,由交通部會同財政部定之。

第五十一條

經營管理良好之觀光產業或服務成績優良之觀光產業從業人員,由主管機關表揚之;其表揚辦法由中央主管機關定之。

第五十二條

主管機關為加強觀光宣傳,促進觀光產業發展,對有關觀光之優良文學、藝術作品,應予獎勵;其辦法由中央主管機關會同有關機關定之。

中央主管機關對促進觀光產業之發展有重大貢獻者,授給獎金、獎章或獎狀表揚之。

第五十三條

觀光旅館業、旅館業、旅行業、觀光遊樂業或民宿經營者,有玷辱國家榮譽、損害國家利益、妨害善良風俗或詐騙旅客行為者,處新臺幣3萬元以上15萬元以下罰鍰;情節重大者,定期停止其營業之一部或全部,或廢止其營業執照或登記證。

經受停止營業一部或全部之處分,仍繼續營業者,廢止其營業執照或登記證。

觀光旅館業、旅館業、旅行業、觀光遊樂業之受僱人員有第一項行為者,處新臺幣1萬元以上5萬元以下罰鍰。

第五十四條

觀光旅館業、旅館業、旅行業、觀光遊樂業或民宿經營者,經主管機關依第三十七條第一項檢查結果有不合規定者,除依相關法令辦理外,並令限期改善,屆期仍未改善者,處新臺幣3萬元以上15萬元以下罰鍰;情節重大者,並得定期停止其營業之一部或全部;經受停止營業處分仍繼續營業者,廢止其營業執照或登記證。

經依第三十七條第一項規定檢查結果，有不合規定且危害旅客安全之虞者，在未完全改善前，得暫停其設施或設備一部或全部之使用。

觀光旅館業、旅館業、旅行業、觀光遊樂業或民宿經營者，規避、妨礙或拒絕主管機關依第三十七條第一項規定檢查者，處新臺幣3萬元以上15萬元以下罰鍰，並得按次連續處罰。

第五十五條

有下列情形之一者，處新臺幣3萬元以上15萬元以下罰鍰；情節重大者，得廢止其營業執照：

一、觀光旅館業違反第二十二條規定，經營核准登記範圍外業務。

二、旅行業違反第二十七條規定，經營核准登記範圍外業務。

有下列情形之一者，處新臺幣1萬元以上5萬元以下罰鍰：

一、旅行業違反第二十九條第一項規定，未與旅客訂定書面契約。

二、觀光旅館業、旅館業、旅行業、觀光遊樂業或民宿經營者，違反第四十二條規定，暫停營業或暫停經營未報請備查或停業期間屆滿未申報復業。

三、觀光旅館業、旅館業、旅行業、觀光遊樂業或民宿經營者，違反依本條例所發布之命令。

未依本條例領取營業執照而經營觀光旅館業務、旅館業務、旅行業務或觀光遊樂業務者，處新臺幣9萬元以上45萬元以下罰鍰，並禁止其營業。

未依本條例領取登記證而經營民宿者，處新臺幣3萬元以上15萬元以下罰鍰，並禁止其經營。

第五十六條

外國旅行業未經申請核准而在中華民國境內設置代表人者，處代表人新臺幣1萬元以上5萬元以下罰鍰，並勒令其停止執行職務。

第五十七條

旅行業未依第三十一條規定辦理履約保證保險或責任保險，中央主管機關得立即停止其辦理旅客之出國及國內旅遊業務，並限於3個月內

辦妥投保，逾期未辦妥者，得廢止其旅行業執照。

違反前項停止辦理旅客之出國及國內旅遊業務之處分者，中央主管機關得廢止其旅行業執照。

觀光旅館業、旅館業、觀光遊樂業及民宿經營者，未依第三十一條規定辦理責任保險者，限於1個月內辦妥投保，屆期未辦妥者，處新臺幣3萬元以上15萬元以下罰鍰，並得廢止其營業執照或登記證。

第五十八條

有下列情形之一者，處新臺幣3,000元以上15,000元以下罰鍰；情節重大者，並得逕行定期停止其執行業務或廢止其執業證：

一、旅行業經理人違反第三十三條第五項規定，兼任其他旅行業經理人或自營或為他人兼營旅行業。

二、導遊人員、領隊人員或觀光產業經營者僱用之人員，違反依本條例所發布之命令者。

經受停止執行業務處分，仍繼續執業者，廢止其執業證。

第五十九條

未依第三十二條規定取得執業證而執行導遊人員或領隊人員業務者，處新臺幣1萬元以上5萬元以下罰鍰，並禁止其執業。

第六十條

於公告禁止區域從事水域遊憩活動或不遵守水域管理機關對有關水域遊憩活動所為種類、範圍、時間及行為之限制命令者，由其水域管理機關處新臺幣5,000元以上25,000元以下罰鍰，並禁止其活動。

前項行為具營利性質者，處新臺幣15,000元以上75,000元以下罰鍰，並禁止其活動。

第六十一條

未依第四十一條第三項規定繳回觀光專用標識，或未經主管機關核准擅自使用觀光專用標識者，處新臺幣3萬元以上15萬元以下罰鍰，並勒令其停止使用及拆除之。

第六十二條

損壞觀光地區或風景特定區之名勝、自然資源或觀光設施者，有關目的事業主管機關得處行為人新臺幣50萬元以下罰鍰，並責令回復原狀或償還修復費用。其無法回復原狀者，有關目的事業主管機關得再處行為人新臺幣500萬元以下罰鍰。

旅客進入自然人文生態景觀區未依規定申請專業導覽人員陪同進入者，有關目的事業主管機關得處行為人新臺幣3萬元以下罰鍰。

第六十三條

於風景特定區或觀光地區內有下列行為之一者，由其目的事業主管機關處新臺幣1萬元以上5萬元以下罰鍰：

一、擅自經營固定或流動攤販。

二、擅自設置指示標誌、廣告物。

三、強行向旅客拍照並收取費用。

四、強行向旅客推銷物品。

五、其他騷擾旅客或影響旅客安全之行為。

違反前項第一款或第二款規定者，其攤架、指示標誌或廣告物予以拆除並沒入之，拆除費用由行為人負擔。

第六十四條

於風景特定區或觀光地區內有下列行為之一者，由其目的事業主管機關處新臺幣3,000元以上15,000元以下罰鍰：

一、任意拋棄、焚燒垃圾或廢棄物。

二、將車輛開入禁止車輛進入或停放於禁止停車之地區。

三、其他經管理機關公告禁止破壞生態、汙染環境及危害安全之行為。

第六十五條

依本條例所處之罰鍰，經通知限期繳納，屆期未繳納者，依法移送強制執行。

第五章　附則

第六十六條

風景特定區之評鑑、規劃建設作業、經營管理、經費及獎勵等事項之管理規則，由中央主管機關定之。

觀光旅館業、旅館業之設立、發照、經營設備設施、經營管理、受僱人員管理及獎勵等事項之管理規則，由中央主管機關定之。

旅行業之設立、發照、經營管理、受僱人員管理、獎勵及經理人訓練等事項之管理規則，由中央主管機關定之。

觀光遊樂業之設立、發照、經營管理及檢查等事項之管理規則，由中央主管機關定之。

導遊人員、領隊人員之訓練、執業證核發及管理等事項之管理規則，由中央主管機關定之。

第六十七條

依本條例所為處罰之裁罰標準，由中央主管機關定之。

第六十八條

依本條例規定核准發給之證照，得收取證照費；其費額由中央主管機關定之。

第六十九條

本條例修正施行前已依法核准經營旅館業務、國民旅舍或觀光遊樂業務者，應自本條例修正施行之日起1年內，向該管主管機關申請旅館業登記證或觀光遊樂業執照，始得繼續營業。

本條例修正施行後，始劃定之風景特定區或指定之觀光地區內，原依法核准經營遊樂設施業務者，應於風景特定區專責管理機構成立後或觀光地區公告指定之日起1年內，向該管主管機關申請觀光遊樂業執照，始得繼續營業。

本條例修正施行前已依法設立經營旅遊諮詢服務者，應自本條例修正施行之日起1年內，向中央主管機關申請核發旅行業執照，始得繼續

營業。

第七十條

於中華民國69年11月24日前已經許可經營觀光旅館業務而非屬公司
組織者，應自本條例修正施行之日起1年內，向該管主管機關申請觀
光旅館業營業執照，始得繼續營業。

前項申請案，不適用第二十一條辦理公司登記及第二十三條第二項之
規定。

第七十條之一

於本條例中華民國90年11月14日修正施行前，已依相關法令核准經
營觀光遊樂業業務而非屬公司組織者，應於中華民國100年3月21日
前，向該管主管機關申請觀光遊樂業執照，始得繼續營業。

前項申請案，不適用第三十五條辦理公司登記之規定。

第七十一條

本條例除另定施行日期者外，自公布日施行。

附錄二　兩岸人民關係條例

第一章　總　則

第一條

國家統一前，為確保臺灣地區安全與民眾福祉，規範臺灣地區與大陸地區人民之往來，並處理衍生之法律事件，特制定本條例。本條例未規定者，適用其他有關法令之規定。

第二條

本條例用詞，定義如下：

一、臺灣地區：指臺灣、澎湖、金門、馬祖及政府統治權所及之其他地區。

二、大陸地區：指臺灣地區以外之中華民國領土。

三、臺灣地區人民：指在臺灣地區設有戶籍之人民。

四、大陸地區人民：指在大陸地區設有戶籍之人民。

第三條

本條例關於大陸地區人民之規定，於大陸地區人民旅居國外者，適用之。

第三條之一，行政院大陸委員會統籌處理有關大陸事務，為本條例之主管機關。

第四條

行政院得設立或指定機構，處理臺灣地區與大陸地區人民往來有關之事務。

行政院大陸委員會處理臺灣地區與大陸地區人民往來有關事務，得委託前項之機構或符合下列要件之民間團體為之：

一、設立時，政府捐助財產總額逾二分之一。

二、設立目的為處理臺灣地區與大陸地區人民往來有關事務，並以行

政院大陸委員會爲中央主管機關或目的事業主管機關。

行政院大陸委員會或第四條之二第一項經行政院同意之各該主管機關，得依所處理事務之性質及需要，逐案委託前二項規定以外，具有公信力、專業能力及經驗之其他具公益性質之法人，協助處理臺灣地區與大陸地區人民往來有關之事務；必要時，並得委託其代爲簽署協議。

第一項及第二項之機構或民間團體，經委託機關同意，得複委託前項之其他具公益性質之法人，協助處理臺灣地區與大陸地區人民往來有關之事務。

【罰則：第七十九條之一】

第四條之一

公務員轉任前條之機構或民間團體者，其回任公職之權益應予保障，在該機構或團體服務之年資，於回任公職時，得予採計爲公務員年資；本條例施行或修正前已轉任者，亦同。

公務員轉任前條之機構或民間團體未回任者，於該機構或民間團體辦理退休、資遣或撫卹時，其於公務員退撫新制施行前、後任公務員年資之退離給與，由行政院大陸委員會編列預算，比照其轉任前原適用之公務員退撫相關法令所定一次給與標準，予以給付。

公務員轉任前條之機構或民間團體回任公職，或於該機構或民間團體辦理退休、資遣或撫卹時，已依相關規定請領退離給與之年資，不得再予併計。

第一項之轉任方式、回任、年資採計方式、職等核敘及其他應遵行事項之辦法，由考試院會同行政院定之。

第二項之比照方式、計算標準及經費編列等事項之辦法，由行政院定之。

第四條之二

行政院大陸委員會統籌辦理臺灣地區與大陸地區訂定協議事項；協議內容具有專門性、技術性，以各該主管機關訂定爲宜者，得經行政院

同意，由其會同行政院大陸委員會辦理。

行政院大陸委員會或前項經行政院同意之各該主管機關，得委託第四條所定機構或民間團體，以受託人自己之名義，與大陸地區相關機關或經其授權之法人、團體或其他機構協商簽署協議。

本條例所稱協議，係指臺灣地區與大陸地區間就涉及行使公權力或政治議題事項所簽署之文書；協議之附加議定書、附加條款、簽字議定書、同意紀錄、附錄及其他附加文件，均屬構成協議之一部分。

【罰則：第七十九條之一】

第四條之三

第四條第三項之其他具公益性質之法人，於受委託協助處理事務或簽署協議，應受委託機關、第四條第一項或第二項所定機構或民間團體之指揮監督。

第四條之四

依第四條第一項或第二項規定受委託之機構或民間團體，應遵守下列規定；第四條第三項其他具公益性質之法人於受託期間，亦同：

一、派員赴大陸地區或其他地區處理受託事務或相關重要業務，應報請委託機關、第四條第一項或第二項所定之機構或民間團體同意，及接受其指揮，並隨時報告處理情形；因其他事務須派員赴大陸地區者，應先通知委託機關、第四條第一項或第二項所定之機構或民間團體。

二、其代表人及處理受託事務之人員，負有與公務員相同之保密義務；離職後，亦同。

三、其代表人及處理受託事務之人員，於受託處理事務時，負有與公務員相同之利益迴避義務。

四、其代表人及處理受託事務之人員，未經委託機關同意，不得與大陸地區相關機關或經其授權之法人、團體或其他機構協商簽署協議。

【罰則：第七十九條之二及第七十九條之三】

第五條

　　依第四條第三項或第四條之二第二項，受委託簽署協議之機構、民間團體或其他具公益性質之法人，應將協議草案報經委託機關陳報行政院同意，始得簽署。

　　協議之內容涉及法律之修正或應以法律定之者，協議辦理機關應於協議簽署後30日內報請行政院核轉立法院審議；其內容未涉及法律之修正或無須另以法律定之者，協議辦理機關應於協議簽署後三十日內報請行政院核定，並送立法院備查，其程序，必要時以機密方式處理。

第五條之一

　　臺灣地區各級地方政府機關（構），非經行政院大陸委員會授權，不得與大陸地區人民、法人、團體或其他機關（構），以任何形式協商簽署協議。臺灣地區之公務人員、各級公職人員或各級地方民意代表機關，亦同。

　　臺灣地區人民、法人、團體或其他機構，除依本條例規定，經行政院大陸委員會或各該主管機關授權，不得與大陸地區人民、法人、團體或其他機關（構）簽署涉及臺灣地區公權力或政治議題之協議。

【罰則：第七十九條之三】

第五條之二

　　依第四條第三項、第四項或第四條之二第二項規定，委託、複委託處理事務或協商簽署協議，及監督受委託機構、民間團體或其他具公益性質之法人之相關辦法，由行政院大陸委員會擬定，報請行政院核定之。

第六條

　　為處理臺灣地區與大陸地區人民往來有關之事務，行政院得依對等原則，許可大陸地區之法人、團體或其他機構在臺灣地區設立分支機構。

前項設立許可事項，以法律定之。

第七條

在大陸地區製作之文書，經行政院設立或指定之機構或委託之民間團體驗證者，推定為真正。

第八條

應於大陸地區送達司法文書或為必要之調查者，司法機關得囑託或委託第四條之機構或民間團體為之。

第二章　行　政

第九條

臺灣地區人民進入大陸地區，應經一般出境查驗程序。

主管機關得要求航空公司或旅行相關業者辦理前項出境申報程序。

臺灣地區公務員，國家安全局、國防部、法務部調查局及其所屬各級機關未具公務員身分之人員，應向內政部申請許可，始得進入大陸地區。但簡任第十職等及警監四階以下未涉及國家安全機密之公務員及警察人員赴大陸地區，不在此限；其作業要點，於本法修正後3個月內，由內政部會同相關機關擬定，報請行政院核定之。

臺灣地區人民具有下列身分者，進入大陸地區應經申請，並經內政部會同國家安全局、法務部及行政院大陸委員會組成之審查會審查許可：

一、政務人員、直轄市長。

二、於國防、外交、科技、情治、大陸事務或其他經核定與國家安全相關機關從事涉及國家機密業務之人員。

三、受前款機關委託從事涉及國家機密公務之個人或民間團體、機構成員。

四、前三款退離職未滿3年之人員。

五、縣（市）長。

前項第二款至第四款所列人員，其涉及國家機密之認定，由（原）服務機關、委託機關或受託團體、機構依相關規定及業務性質辦理。

第四項第四款所定退離職人員退離職後，應經審查會審查許可，始得進入大陸地區之期間，原服務機關、委託機關或受託團體、機構得依其所涉及國家機密及業務性質增減之。

遇有重大突發事件，影響臺灣地區重大利益或於兩岸互動有重大危害情形者，得經立法院議決由行政院公告於一定期間內，對臺灣地區人民進入大陸地區，採行禁止、限制或其他必要之處置，立法院如於會期內1個月未為決議，視為同意；但情況急迫者，得於事後追認之。

臺灣地區人民進入大陸地區者，不得從事妨害國家安全或利益之活動。

第二項申報程序及第三項、第四項許可辦法，由內政部擬定，報請行政院核定之。

【罰則：第九十一條】

第九條之一

臺灣地區人民不得在大陸地區設有戶籍或領用大陸地區護照。

違反前項規定在大陸地區設有戶籍或領用大陸地區護照者，除經有關機關認有特殊考量必要外，喪失臺灣地區人民身分及其在臺灣地區選舉、罷免、創制、複決、擔任軍職、公職及其他以在臺灣地區設有戶籍所衍生相關權利，並由戶政機關註銷其臺灣地區之戶籍登記；但其因臺灣地區人民身分所負之責任及義務，不因而喪失或免除。

本條例修正施行前，臺灣地區人民已在大陸地區設籍或領用大陸地區護照者，其在本條例修正施行之日起6個月內，註銷大陸地區戶籍或放棄領用大陸地區護照並向內政部提出相關證明者，不喪失臺灣地區人民身分。

第九條之二

依前條規定喪失臺灣地區人民身分者，嗣後註銷大陸地區戶籍或放棄持用大陸地區護照，得向內政部申請許可回復臺灣地區人民身分，並

返回臺灣地區定居。

前項許可條件、程序、方式、限制、撤銷或廢止許可及其他應遵行事項之辦法，由內政部擬定，報請行政院核定之。

第十條

大陸地區人民非經主管機關許可，不得進入臺灣地區。

經許可進入臺灣地區之大陸地區人民，不得從事與許可目的不符之活動。

前二項許可辦法，由有關主管機關擬定，報請行政院核定之。

第十條之一

大陸地區人民申請進入臺灣地區團聚、居留或定居者，應接受面談、按捺指紋並建檔管理之；未接受面談、按捺指紋者，不予許可其團聚、居留或定居之申請。其管理辦法，由主管機關定之。

第十一條

僱用大陸地區人民在臺灣地區工作，應向主管機關申請許可。

經許可受僱在臺灣地區工作之大陸地區人民，其受僱期間不得逾1年，並不得轉換雇主及工作。但因雇主關廠、歇業或其他特殊事故，致僱用關係無法繼續時，經主管機關許可者，得轉換雇主及工作。

大陸地區人民因前項但書情形轉換雇主及工作時，其轉換後之受僱期間，與原受僱期間併計。

雇主向行政院勞工委員會申請僱用大陸地區人民工作，應先以合理勞動條件在臺灣地區辦理公開招募，並向公立就業服務機構申請求才登記，無法滿足其需要時，始得就該不足人數提出申請。但應於招募時，將招募內容全文通知其事業單位之工會或勞工，並於大陸地區人民預定工作場所公告之。

僱用大陸地區人民工作時，其勞動契約應以定期契約為之。

第一項許可及其管理辦法，由行政院勞工委員會會同有關機關擬定，報請行政院核定之。

依國際協定開放服務業項目所衍生僱用需求，及跨國企業、在臺營業

達一定規模之臺灣地區企業，得經主管機關許可，僱用大陸地區人民，不受前六項及第九十五條相關規定之限制；其許可、管理、企業營業規模、僱用條件及其他應遵行事項之辦法，由行政院勞工委員會會同有關機關擬定，報請行政院核定之。

第十二條（刪除）

第十三條

僱用大陸地區人民者，應向行政院勞工委員會所設專戶繳納就業安定費。

前項收費標準及管理運用辦法，由行政院勞工委員會會同財政部擬訂，報請行政院核定之。

第十四條

經許可受僱在臺灣地區工作之大陸地區人民，違反本條例或其他法令之規定者，主管機關得撤銷或廢止其許可。

前項經撤銷或廢止許可之大陸地區人民，應限期離境，逾期不離境者，依第十八條規定強制其出境。

前項規定，於中止或終止勞動契約時，適用之。

第十五條

下列行為不得為之：

一、使大陸地區人民非法進入臺灣地區。

二、明知臺灣地區人民未經許可，而招攬使之進入大陸地區。

三、使大陸地區人民在臺灣地區從事未經許可或與許可目的不符之活動。

四、僱用或留用大陸地區人民在臺灣地區從事未經許可或與許可範圍不符之工作。

五、居間介紹他人為前款之行為。

【罰則：第七十九條、第八十四條、第八十七條、第八十三條】

第十六條

大陸地區人民得申請來臺從事商務或觀光活動，其辦法，由主管機關

定之。

大陸地區人民有下列情形之一者，得申請在臺灣地區定居：

一、臺灣地區人民之直系血親及配偶，年齡在70歲以上、12歲以下者。

二、其臺灣地區之配偶死亡，須在臺灣地區照顧未成年之親生子女者。

三、民國34年後，因兵役關係滯留大陸地區之臺籍軍人及其配偶。

四、民國38年政府遷臺後，因作戰或執行特種任務被俘之前國軍官兵及其配偶。

五、民國38年政府遷臺前，以公費派赴大陸地區求學人員及其配偶。

六、民國76年11月1日前，因船舶故障、海難或其他不可抗力之事由滯留大陸地區，且在臺灣地區原有戶籍之漁民或船員。

大陸地區人民依前項第一款規定，每年申請在臺灣地區定居之數額，得予限制。

依第二項第三款至第六款規定申請者，其大陸地區配偶得隨同本人申請在臺灣地區定居；未隨同申請者，得由本人在臺灣地區定居後代為申請。

第十七條

大陸地區人民為臺灣地區人民配偶，得依法令申請進入臺灣地區團聚，經許可入境後，得申請在臺灣地區依親居留。

前項以外之大陸地區人民，得依法令申請在臺灣地區停留；有下列情形之一者，得申請在臺灣地區商務或工作居留，居留期間最長為三年，期滿得申請延期：

一、符合第十一條受僱在臺灣地區工作之大陸地區人民。

二、符合第十條或第十六條第一項來臺從事商務相關活動之大陸地區人民。

經依第一項規定許可在臺灣地區依親居留滿4年，且每年在臺灣地區

合法居留期間逾183日者，得申請長期居留。

內政部得基於政治、經濟、社會、教育、科技或文化之考量，專案許可大陸地區人民在臺灣地區長期居留，申請居留之類別及數額，得予限制；其類別及數額，由內政部擬定，報請行政院核定後公告之。

經依前二項規定許可在臺灣地區長期居留者，居留期間無限制；長期居留符合下列規定者，得申請在臺灣地區定居：

一、在臺灣地區合法居留連續2年且每年居住逾183日。

二、品行端正，無犯罪紀錄。

三、提出喪失原籍證明。

四、符合國家利益。

內政部得訂定依親居留、長期居留及定居之數額及類別，報請行政院核定後公告之。

第一項人員經許可依親居留、長期居留或定居，有事實足認係通謀而為虛偽結婚者，撤銷其依親居留、長期居留、定居許可及戶籍登記，並強制出境。

大陸地區人民在臺灣地區逾期停留、居留或未經許可入境者，在臺灣地區停留、居留期間，不適用前條及第一項至第四項規定。

前條及第一項至第五項有關居留、長期居留、或定居條件、程序、方式、限制、撤銷或廢止許可及其他應遵行事項之辦法，由內政部會同有關機關擬定，報請行政院核定之。

本條例中華民國98年6月9日修正之條文施行前，經許可在臺團聚者，其每年在臺合法團聚期間逾183日者，得轉換為依親居留期間；其已在臺依親居留或長期居留者，每年在臺合法團聚期間逾183日者，其團聚期間得分別轉換併計為依親居留或長期居留期間；經轉換併計後，在臺依親居留滿4年，符合第三項規定，得申請轉換為長期居留期間；經轉換併計後，在臺連續長期居留滿2年，並符合第五項規定，得申請定居。

第十七條之一

經依前條第一項、第三項或第四項規定許可在臺灣地區依親居留或長期居留者，居留期間得在臺灣地區工作。

第十八條

進入臺灣地區之大陸地區人民，有下列情形之一者，治安機關得逕行強制出境。但其所涉案件已進入司法程序者，應先經司法機關之同意：

一、未經許可入境。

二、經許可入境，已逾停留、居留期限。

三、從事與許可目的不符之活動或工作。

四、有事實足認爲有犯罪行爲。

五、有事實足認爲有危害國家安全或社會安定之虞。

進入臺灣地區之大陸地區人民已取得居留許可而有前項第三款至第五款情形之一者，內政部入出國及移民署於強制其出境前，得召開審查會，並給予當事人陳述意見之機會。

第一項大陸地區人民，於強制出境前，得暫予收容，並得令其從事勞務。

第一項大陸地區人民有第一項第三款從事與許可目的不符之活動或工作之情事，致違反社會秩序維護法而未涉有其他犯罪情事者，於調查後得免移送簡易庭裁定。

進入臺灣地區之大陸地區人民，涉及刑事案件，經法官或檢察官責付而收容於第三項之收容處所，並經法院判決有罪確定者，其收容之日數，以一日抵有期徒刑或拘役一日或刑法第四十二條第三項、第六項裁判所定之罰金額數。

前五項規定，於本條例施行前進入臺灣地區之大陸地區人民，適用之。

第一項之強制出境處理辦法及第三項收容處所之設置及管理辦法，由內政部擬定，報請行政院核定之。

第二項審查會之組成、審查要件、程序等事宜，由內政部定之。

第十九條

臺灣地區人民依規定保證大陸地區人民入境者，於被保證人屆期不離境時，應協助有關機關強制其出境，並負擔因強制出境所支出之費用。

前項費用，得由強制出境機關檢具單據影本及計算書，通知保證人限期繳納，屆期不繳納者，依法移送強制執行。

第二十條

臺灣地區人民有下列情形之一者，應負擔強制出境所需之費用：

一、使大陸地區人民非法入境者。

二、非法僱用大陸地區人民工作者。

三、僱用之大陸地區人民依第十四條第二項或第三項規定強制出境者。

前項費用有數人應負擔者，應負連帶責任。

第一項費用，由強制出境機關檢具單據影本及計算書，通知應負擔人限期繳納；屆期不繳納者，依法移送強制執行。

第二十一條

大陸地區人民經許可進入臺灣地區者，除法律另有規定外，非在臺灣地區設有戶籍滿10年，不得登記為公職候選人、擔任公教或公營事業機關（構）人員及組織政黨；非在臺灣地區設有戶籍滿20年，不得擔任情報機關（構）人員，或國防機關（構）之下列人員：

一、志願役軍官、士官及士兵。

二、義務役軍官及士官。

三、文職、教職及國軍聘雇人員。

大陸地區人民經許可進入臺灣地區設有戶籍者，得依法令規定擔任大學教職、學術研究機構研究人員或社會教育機構專業人員，不受前項在臺灣地區設有戶籍滿10年之限制。

前項人員，不得擔任涉及國家安全或機密科技研究之職務。

第二十二條

　在大陸地區接受教育之學歷，除屬醫療法所稱醫事人員相關之高等學校學歷外，得予採認；其適用對象、採認原則、認定程序及其他應遵行事項之辦法，由教育部擬定，報請行政院核定之。

　大陸地區人民非經許可在臺灣地區設有戶籍者，不得參加公務人員考試、專門職業及技術人員考試之資格。

　大陸地區人民經許可得來臺就學，其適用對象、申請程序、許可條件、停留期間及其他應遵行事項之辦法，由教育部擬定，報請行政院核定之。

第二十二條之一　　刪除。

第二十三條

　臺灣地區、大陸地區及其他地區人民、法人、團體或其他機構，經許可得為大陸地區之教育機構在臺灣地區辦理招生事宜或從事居間介紹之行為。其許可辦法由教育部擬定，報請行政院核定之。

【罰則：第八十二條】

第二十四條

　臺灣地區人民、法人、團體或其他機構有大陸地區來源所得者，應併同臺灣地區來源所得課徵所得稅。但其在大陸地區已繳納之稅額，得自應納稅額中扣抵。

　臺灣地區法人、團體或其他機構，依第三十五條規定經主管機關許可，經由其在第三地區投資設立之公司或事業在大陸地區從事投資者，於依所得稅法規定列報第三地區公司或事業之投資收益時，其屬源自轉投資大陸地區公司或事業分配之投資收益部分，視為大陸地區來源所得，依前項規定課徵所得稅。但該部分大陸地區投資收益在大陸地區及第三地區已繳納之所得稅，得自應納稅額中扣抵。

　前二項扣抵數額之合計數，不得超過因加計其大陸地區來源所得，而依臺灣地區適用稅率計算增加之應納稅額。

第二十五條

　　大陸地區人民、法人、團體或其他機構有臺灣地區來源所得者，應就其臺灣地區來源所得，課徵所得稅。

　　大陸地區人民於一課稅年度內在臺灣地區居留、停留合計滿183日者，應就其臺灣地區來源所得，準用臺灣地區人民適用之課稅規定，課徵綜合所得稅。

　　大陸地區法人、團體或其他機構在臺灣地區有固定營業場所或營業代理人者，應就其臺灣地區來源所得，準用臺灣地區營利事業適用之課稅規定，課徵營利事業所得稅；其在臺灣地區無固定營業場所而有營業代理人者，其應納之營利事業所得稅，應由營業代理人負責，向該管稽徵機關申報納稅。但大陸地區法人、團體或其他機構在臺灣地區因從事投資，所獲配之股利淨額或盈餘淨額，應由扣繳義務人於給付時，按規定之扣繳率扣繳，不計入營利事業所得額。

　　大陸地區人民於一課稅年度內在臺灣地區居留、停留合計未滿183日者，及大陸地區法人、團體或其他機構在臺灣地區無固定營業場所及營業代理人者，其臺灣地區來源所得之應納稅額，應由扣繳義務人於給付時，按規定之扣繳率扣繳，免辦理結算申報；如有非屬扣繳範圍之所得，應由納稅義務人依規定稅率申報納稅，其無法自行辦理申報者，應委託臺灣地區人民或在臺灣地區有固定營業場所之營利事業為代理人，負責代理申報納稅。

　　前二項之扣繳事項，適用所得稅法之相關規定。

　　大陸地區人民、法人、團體或其他機構取得臺灣地區來源所得應適用之扣繳率，其標準由財政部擬定，報請行政院核定之。

第二十五條之一

　　大陸地區人民、法人、團體、其他機構或其於第三地區投資之公司，依第七十三條規定申請在臺灣地區投資經許可者，其取得臺灣地區之公司所分配股利或合夥人應分配盈餘應納之所得稅，由所得稅法規定之扣繳義務人於給付時，按給付額或應分配額扣繳20%，不適用所得

稅法結算申報之規定。但大陸地區人民於一課稅年度內在臺灣地區居留、停留合計滿183日者，應依前條第二項規定課徵綜合所得稅。

依第七十三條規定申請在臺灣地區投資經許可之法人、團體或其他機構，其董事、經理人及所派之技術人員，因辦理投資、建廠或從事市場調查等臨時性工作，於一課稅年度內在臺灣地區居留、停留期間合計不超過183日者，其由該法人、團體或其他機構非在臺灣地區給與之薪資所得，不視爲臺灣地區來源所得。

第二十六條

支領各種月退休（職、伍）給與之退休（職、伍）軍公教及公營事業機關（構）人員擬赴大陸地區長期居住者，應向主管機關申請改領一次退休（職、伍）給與，並由主管機關就其原核定退休（職、伍）年資及其申領當月同職等或同官階之現職人員月俸額，計算其應領之一次退休（職、伍）給與爲標準，扣除已領之月退休（職、伍）給與，一次發給其餘額；無餘額或餘額未達其應領之一次退休（職、伍）給與半數者，一律發給其應領一次退休（職、伍）給與之半數。

前項人員在臺灣地區有受其扶養之人者，申請前應經該受扶養人同意。

第一項人員未依規定申請辦理改領一次退休（職、伍）給與，而在大陸地區設有戶籍或領用大陸地區護照者，停止領受退休（職、伍）給與之權利，俟其經依第九條之二規定許可回復臺灣地區人民身分後恢復。

第一項人員如有以詐術或其他不正當方法領取一次退休（職、伍）給與，由原退休（職、伍）機關追回其所領金額，如涉及刑事責任者，移送司法機關辦理。

第一項改領及第三項停止領受及恢復退休（職、伍）給與相關事項之辦法，由各主管機關定之。

第二十六條之一

軍公教及公營事業機關（構）人員，在任職（服役）期間死亡，或支

領月退休（職、伍）給與人員，在支領期間死亡，而在臺灣地區無遺族或法定受益人者，其居住大陸地區之遺族或法定受益人，得於各該支領給付人死亡之日起五年內，經許可進入臺灣地區，以書面向主管機關申請領受公務人員或軍人保險死亡給付、一次撫卹金、餘額退伍金或一次撫慰金，不得請領年撫卹金或月撫慰金。逾期未申請領受者，喪失其權利。

前項保險死亡給付、一次撫卹金、餘額退伍金或一次撫慰金總額，不得逾新臺幣200萬元。

本條例中華民國86年7月1日修正生效前，依法核定保留保險死亡給付、一次撫卹金、餘額退伍金或一次撫慰金者，其居住大陸地區之遺族或法定受益人，應於中華民國83年7月1日起5年內，依第一項規定辦理申領，逾期喪失其權利。

申請領受第一項或前項規定之給付者，有因受傷或疾病致行動困難或領受之給付與來臺旅費顯不相當等特殊情事，經主管機關核定者，得免進入臺灣地區。

民國38年以前在大陸地區依法令核定應發給之各項公法給付，其權利人尚未領受或領受中斷者，於國家統一前，不予處理。

第二十七條

行政院國軍退除役官兵輔導委員會安置就養之榮民經核准赴大陸地區長期居住者，其原有之就養給付及傷殘撫卹金，仍應發給；本條修正施行前經許可赴大陸地區定居者，亦同。

就養榮民未依前項規定經核准，而在大陸地區設有戶籍或領用大陸地區護照者，停止領受就養給付及傷殘撫卹金之權利，俟其經依第九條之二規定許可回復臺灣地區人民身分後恢復。

前二項所定就養給付及傷殘撫卹金之發給、停止領受及恢復給付相關事項之辦法，由行政院國軍退除役官兵輔導委員會擬訂，報請行政院核定之。

第二十八條

中華民國船舶、航空器及其他運輸工具，經主管機關許可，得航行至大陸地區。其許可及管理辦法，於本條例修正通過後18個月內，由交通部會同有關機關擬訂，報請行政院核定之；於必要時，經向立法院報告備查後，得延長之。

【罰則：第八十條】

第二十八條之一

中華民國船舶、航空器及其他運輸工具，不得私行運送大陸地區人民前往臺灣地區及大陸地區以外之國家或地區。

臺灣地區人民不得利用非中華民國船舶、航空器或其他運輸工具，私行運送大陸地區人民前往臺灣地區及大陸地區以外之國家或地區。

【罰則：第八十條】

第二十九條

大陸船舶、民用航空器及其他運輸工具，非經主管機關許可，不得進入臺灣地區限制或禁止水域、臺北飛航情報區限制區域。

前項限制或禁止水域及限制區域，由國防部公告之。

第一項許可辦法，由交通部會同有關機關擬定，報請行政院核定之。

第二十九條之一

臺灣地區及大陸地區之海運、空運公司，參與兩岸船舶運輸及航空運輸，在對方取得之運輸收入，得依第四條之二規定訂定之臺灣地區與大陸地區協議事項，於互惠原則下，相互減免應納之營業稅及所得稅。

前項減免稅捐之範圍、方法、適用程序及其他相關事項之辦法，由財政部擬定，報請行政院核定。

第三十條

外國船舶、民用航空器及其他運輸工具，不得直接航行於臺灣地區與大陸地區港口、機場間；亦不得利用外國船舶、民用航空器及其他運輸工具，經營經第三地區航行於包括臺灣地區與大陸地區港口、機場

間之定期航線業務。

前項船舶、民用航空器及其他運輸工具為大陸地區人民、法人、團體或其他機構所租用、投資或經營者，交通部得限制或禁止其進入臺灣地區港口、機場。

第一項之禁止規定，交通部於必要時得報經行政院核定為全部或一部之解除。其解除後之管理、運輸作業及其他應遵行事項，準用現行航政法規辦理，並得視需要由交通部會商有關機關訂定管理辦法。

【罰則：第八十五條】

第三十一條

大陸民用航空器未經許可進入臺北飛航情報區限制進入之區域，執行空防任務機關得警告飛離或採必要之防衛處置。

第三十二條

大陸船舶未經許可進入臺灣地區限制或禁止水域，主管機關得逕行驅離或扣留其船舶、物品，留置其人員或為必要之防衛處置。

前項扣留之船舶、物品，或留置之人員，主管機關應於3個月內為下列之處分：

一、扣留之船舶、物品未涉及違法情事，得發還；若違法情節重大者，得沒入。

二、留置之人員經調查後移送有關機關依本條例第十八條收容遣返或強制其出境。

本條例實施前，扣留之大陸船舶、物品及留置之人員，已由主管機關處理者，依其處理。

第三十三條

臺灣地區人民、法人、團體或其他機構，除法律另有規定外，得擔任大陸地區法人、團體或其他機構之職務或為其成員。

臺灣地區人民、法人、團體或其他機構，不得擔任經行政院大陸委員會會商各該主管機關公告禁止之大陸地區黨務、軍事、行政或具政治性機關（構）、團體之職務或為其成員。

臺灣地區人民、法人、團體或其他機構，擔任大陸地區之職務或為其成員，有下列情形之一者，應經許可：

一、所擔任大陸地區黨務、軍事、行政或具政治性機關（構）、團體之職務或為成員，未經依前項規定公告禁止者。

二、有影響國家安全、利益之虞或基於政策需要，經各該主管機關會商行政院大陸委員會公告者。

臺灣地區人民擔任大陸地區法人、團體或其他機構之職務或為其成員，不得從事妨害國家安全或利益之行為。

第二項及第三項職務或成員之認定，由各該主管機關為之；如有疑義，得由行政院大陸委員會會同相關機關及學者專家組成審議委員會審議決定。

第二項及第三項之公告事項、許可條件、申請程序、審查方式、管理及其他應遵行事項之辦法，由行政院大陸委員會會商各該主管機關擬訂，報請行政院核定之。

本條例修正施行前，已擔任大陸地區法人、團體或其他機構之職務或為其成員者，應自前項辦法施行之日起六個月內向主管機關申請許可；屆期未申請或申請未核准者，以未經許可論。

【罰則：第九十條及第九十條之一】

第三十三條之一

臺灣地區人民、法人、團體或其他機構，非經各該主管機關許可，不得為下列行為：

一、與大陸地區黨務、軍事、行政、具政治性機關（構）、團體或涉及對臺政治工作、影響國家安全或利益之機關（構）、團體為任何形式之合作行為。

二、與大陸地區人民、法人、團體或其他機構，為涉及政治性內容之合作行為。

三、與大陸地區人民、法人、團體或其他機構聯合設立政治性法人、團體或其他機構。

臺灣地區非營利法人、團體或其他機構，與大陸地區人民、法人、團體或其他機構之合作行為，不得違反法令規定或涉有政治性內容；如依其他法令規定，應將預算、決算報告報主管機關者，並應同時將其合作行為向主管機關申報。

本條例修正施行前，已從事第一項所定之行為，且於本條例修正施行後仍持續進行者，應自本條例修正施行之日起3個月內向主管機關申請許可；已從事第二項所定之行為者，應自本條例修正施行之日起一年內申報；屆期未申請許可、申報或申請未經許可者，以未經許可或申報論。

【罰則：第九十條之二】

第三十三條之二

臺灣地區各級地方政府機關（構）或各級地方立法機關，非經內政部會商行政院大陸委員會報請行政院同意，不得與大陸地區地方機關締結聯盟。

本條例修正施行前，已從事前項之行為，且於本條例修正施行後仍持續進行者，應自本條例修正施行之日起3個月內報請行政院同意。屆期未報請同意或行政院不同意者，以未報請同意論。

【罰則：第九十條之二】

第三十三條之三

臺灣地區各級學校與大陸地區學校締結聯盟或為書面約定之合作行為，應先向教育部申報，於教育部受理其提出完整申報之日起30日內，不得為該締結聯盟或書面約定之合作行為；教育部未於30日內決定者，視為同意。

前項締結聯盟或書面約定之合作內容，不得違反法令規定或涉有政治性內容。

本條例修正施行前，已從事第一項之行為，且於本條例修正施行後仍持續進行者，應自本條例修正施行之日起3個月內向主管機關申報。屆期未申報或申報未經同意者，以未經申報論。

【罰則：第九十條之二】

第三十四條

依本條例許可之大陸地區物品、勞務、服務或其他事項，得在臺灣地區從事廣告之播映、刊登或其他促銷推廣活動。

前項廣告活動內容，不得有下列情形：

一、為中共從事具有任何政治性目的之宣傳。

二、違背現行大陸政策或政府法令。

三、妨害公共秩序或善良風俗。

第一項廣告活動及前項廣告活動內容，由各有關機關認定處理，如有疑義，得由行政院大陸委員會會同相關機關及學者專家組成審議委員會審議決定。

第一項廣告活動之管理，除依其他廣告相關法令規定辦理外，得由行政院大陸委員會會商有關機關擬訂管理辦法，報請行政院核定之。

【罰則：第八十九條】

第三十五條

臺灣地區人民、法人、團體或其他機構，經經濟部許可，得在大陸地區從事投資或技術合作；其投資或技術合作之產品或經營項目，依據國家安全及產業發展之考慮，區分為禁止類及一般類，由經濟部會商有關機關訂定項目清單及個案審查原則，並公告之。但一定金額以下之投資，得以申報方式為之；其限額由經濟部以命令公告之。

臺灣地區人民、法人、團體或其他機構，得與大陸地區人民、法人、團體或其他機構從事商業行為。但由經濟部會商有關機關公告應經許可或禁止之項目，應依規定辦理。

臺灣地區人民、法人、團體或其他機構，經主管機關許可，得從事臺灣地區與大陸地區間貿易；其許可、輸出入物品項目與規定、開放條件與程序、停止輸出入之規定及其他輸出入管理應遵行事項之辦法，由有關主管機關擬定，報請行政院核定之。

第一項及第二項之許可條件、程序、方式、限制及其他應遵行事項之

辦法，由有關主管機關擬定，報請行政院核定之。

本條例中華民國91年7月1日修正生效前，未經核准從事第一項之投資或技術合作者，應自中華民國91年7月1日起6個月內向經濟部申請許可；屆期未申請或申請未核准者，以未經許可論。

【罰則：第八十六條】

第三十六條

臺灣地區金融保險證券期貨機構及其在臺灣地區以外之國家或地區設立之分支機構，經財政部許可，得與大陸地區人民、法人、團體、其他機構或其在大陸地區以外國家或地區設立之分支機構有業務上之直接往來。

臺灣地區金融保險證券期貨機構在大陸地區設立分支機構，應報經財政部許可；其相關投資事項，應依前條規定辦理。

前二項之許可條件、業務範圍、程序、管理、限制及其他應遵行事項之辦法，由財政部擬定，報請行政院核定之。

為維持金融市場穩定，必要時，財政部得報請行政院核定後，限制或禁止第一項所定業務之直接往來。

【罰則：第八十一條】

第三十六條之一

大陸地區資金進出臺灣地區之管理及處罰，準用管理外匯條例第六條之一、第二十條、第二十二條、第二十四條及第二十六條規定；對於臺灣地區之金融市場或外匯市場有重大影響情事時，並得由中央銀行會同有關機關予以其他必要之限制或禁止。

【罰則：第八十五條之一】

第三十七條

大陸地區出版品、電影片、錄影節目及廣播電視節目，經主管機關許可，得進入臺灣地區，或在臺灣地區發行、銷售、製作、播映、展覽或觀摩。

前項許可辦法，由行政院新聞局擬訂，報請行政院核定之。

【罰則：第八十八條】

第三十八條

大陸地區發行之幣券，除其數額在行政院金融監督管理委員會所定限額以下外，不得進出入臺灣地區。但其數額逾所定限額部分，旅客應主動向海關申報，並由旅客自行封存於海關，出境時准予攜出。

行政院金融監督管理委員會得會同中央銀行訂定辦法，許可大陸地區發行之幣券，進出入臺灣地區。

大陸地區發行之幣券，於臺灣地區與大陸地區簽訂雙邊貨幣清算協定或建立雙邊貨幣清算機制後，其在臺灣地區之管理，準用管理外匯條例有關之規定。

前項雙邊貨幣清算協定簽訂或機制建立前，大陸地區發行之幣券，在臺灣地區之管理及貨幣清算，由中央銀行會同行政院金融監督管理委員會訂定辦法。

第一項限額，由行政院金融監督管理委員會以命令定之。

【罰則：第九十二條】

第三十九條

大陸地區之中華古物，經主管機關許可運入臺灣地區公開陳列、展覽者，得予運出。

前項以外之大陸地區文物、藝術品，違反法令、妨害公共秩序或善良風俗者，主管機關得限制或禁止其在臺灣地區公開陳列、展覽。

第一項許可辦法，由有關主管機關擬定，報請行政院核定之。

【罰則：第九十三條】

第四十條

輸入或攜帶進入臺灣地區之大陸地區物品，以進口論；其檢驗、檢疫、管理、關稅等稅捐之徵收及處理等，依輸入物品有關法令之規定辦理。

輸往或攜帶進入大陸地區之物品，以出口論；其檢驗、檢疫、管理、通關及處理，依輸出物品有關法令之規定辦理。

第四十條之一

　　大陸地區之營利事業，非經主管機關許可，並在臺灣地區設立分公司或辦事處，不得在臺從事業務活動；其分公司在臺營業，準用公司法第九條、第十條、第十二條至第二十五條、第二十八條之一、第三百八十八條、第三百九十一條至第三百九十三條、第三百九十七條、第四百三十八條及第四百四十八條規定。

　　前項業務活動範圍、許可條件、申請程序、申報事項、應備文件、撤回、撤銷或廢止許可及其他應遵行事項之辦法，由經濟部擬訂，報請行政院核定之。

【罰則：第九十三條之二】

第四十條之二

　　大陸地區之非營利法人、團體或其他機構，非經各該主管機關許可，不得在臺灣地區設立辦事處或分支機構，從事業務活動。

　　經許可在臺從事業務活動之大陸地區非營利法人、團體或其他機構，不得從事與許可範圍不符之活動。

　　第一項之許可範圍、許可條件、申請程序、申報事項、應備文件、審核方式、管理事項、限制及其他應遵行事項之辦法，由各該主管機關擬訂，報請行政院核定之。

【罰則：第九十三條之三】

第三章　民　事

第四十一條

　　臺灣地區人民與大陸地區人民間之民事事件，除本條例另有規定外，適用臺灣地區之法律。

　　大陸地區人民相互間及其與外國人間之民事事件，除本條例另有規定外，適用大陸地區之規定。

　　本章所稱行為地、訂約地、發生地、履行地、所在地、訴訟地或仲裁

地，指在臺灣地區或大陸地區。

第四十二條

依本條例規定應適用大陸地區之規定時，如該地區內各地方有不同規定者，依當事人戶籍地之規定。

第四十三條

依本條例規定應適用大陸地區之規定時，如大陸地區就該法律關係無明文規定或依其規定應適用臺灣地區之法律者，適用臺灣地區之法律。

第四十四條

依本條例規定應適用大陸地區之規定時，如其規定有背於臺灣地區之公共秩序或善良風俗者，適用臺灣地區之法律。

第四十五條

民事法律關係之行為地或事實發生地跨連臺灣地區與大陸地區者，以臺灣地區為行為地或事實發生地。

第四十六條

大陸地區人民之行為能力，依該地區之規定。但未成年人已結婚者，就其在臺灣地區之法律行為，視為有行為能力。

大陸地區之法人、團體或其他機構，其權利能力及行為能力，依該地區之規定。

第四十七條

法律行為之方式，依該行為所應適用之規定。但依行為地之規定所定之方式者，亦為有效。

物權之法律行為，其方式依物之所在地之規定。

行使或保全票據上權利之法律行為，其方式依行為地之規定。

第四十八條

債之契約依訂約地之規定。但當事人另有約定者，從其約定。

前項訂約地不明而當事人又無約定者，依履行地之規定，履行地不明者，依訴訟地或仲裁地之規定。

第四十九條

關於在大陸地區由無因管理、不當得利或其他法律事實而生之債,依大陸地區之規定。

第五十條

侵權行為依損害發生地之規定。但臺灣地區之法律不認其為侵權行為者,不適用之。

第五十一條

物權依物之所在地之規定。

關於以權利為標的之物權,依權利成立地之規定。

物之所在地如有變更,其物權之得喪,依其原因事實完成時之所在地之規定。

船舶之物權,依船籍登記地之規定;航空器之物權,依航空器登記地之規定。

第五十二條

結婚或兩願離婚之方式及其他要件,依行為地之規定。

判決離婚之事由,依臺灣地區之法律。

第五十三條

夫妻之一方為臺灣地區人民,一方為大陸地區人民者,其結婚或離婚之效力,依臺灣地區之法律。

第五十四條

臺灣地區人民與大陸地區人民在大陸地區結婚,其夫妻財產制,依該地區之規定。但在臺灣地區之財產,適用臺灣地區之法律。

第五十五條

非婚生子女認領之成立要件,依各該認領人被認領人認領時設籍地區之規定。

認領之效力,依認領人設籍地區之規定。

第五十六條

收養之成立及終止,依各該收養者被收養者設籍地區之規定。

收養之效力，依收養者設籍地區之規定。

第五十七條

父母之一方爲臺灣地區人民，一方爲大陸地區人民者，其與子女間之法律關係，依子女設籍地區之規定。

第五十八

受監護人爲大陸地區人民者，關於監護，依該地區之規定。但受監護人在臺灣地區有居所者，依臺灣地區之法律。

第五十九條

扶養之義務，依扶養義務人設籍地區之規定。

第六十條

被繼承人爲大陸地區人民者，關於繼承，依該地區之規定。但在臺灣地區之遺產，適用臺灣地區之法律。

第六十一條

大陸地區人民之遺囑，其成立或撤回之要件及效力，依該地區之規定。但以遺囑就其在臺灣地區之財產爲贈與者，適用臺灣地區之法律。

第六十二條

大陸地區人民之捐助行爲，其成立或撤回之要件及效力，依該地區之規定。但捐助財產在臺灣地區者，適用臺灣地區之法律。

第六十三條

本條例施行前，臺灣地區人民與大陸地區人民間、大陸地區人民相互間及其與外國人間，在大陸地區成立之民事法律關係及因此取得之權利、負擔之義務，以不違背臺灣地區公共秩序或善良風俗者爲限，承認其效力。

前項規定，於本條例施行前已另有法令限制其權利之行使或移轉者，不適用之。

國家統一前，下列債務不予處理：

一、民國38年以前在大陸發行尚未清償之外幣債券及民國38年黃金

短期公債。

二、國家行局及收受存款之金融機構在大陸撤退前所有各項債務。

第六十四條

夫妻因一方在臺灣地區，一方在大陸地區，不能同居，而一方於民國74年6月4日以前重婚者，利害關係人不得聲請撤銷；其於74年6月5日以後76年11月1日以前重婚者，該後婚視爲有效。

前項情形，如夫妻雙方均重婚者，於後婚者重婚之日起，原婚姻關係消滅。

第六十五條

臺灣地區人民收養大陸地區人民爲養子女，除依民法第一千零七十九條第五項規定外，有下列情形之一者，法院亦應不予認可：

一、已有子女或養子女者。

二、同時收養2人以上爲養子女者。

三、未經行政院設立或指定之機構或委託之民間團體驗證收養之事實者。

第六十六條

大陸地區人民繼承臺灣地區人民之遺產，應於繼承開始起3年內以書面向被繼承人住所地之法院爲繼承之表示；逾期視爲拋棄其繼承權。大陸地區人民繼承本條例施行前已由主管機關處理，且在臺灣地區無繼承人之現役軍人或退除役官兵遺產者，前項繼承表示之期間爲4年。

繼承在本條例施行前開始者，前二項期間自本條例施行之日起算。

第六十七條

被繼承人在臺灣地區之遺產，由大陸地區人民依法繼承者，其所得財產總額，每人不得逾新臺幣200萬元。超過部分，歸屬臺灣地區同爲繼承之人；臺灣地區無同爲繼承之人者，歸屬臺灣地區後順序之繼承人；臺灣地區無繼承人者，歸屬國庫。

前項遺產，在本條例施行前已依法歸屬國庫者，不適用本條例之規

定。其依法令以保管款專戶暫爲存儲者，仍依本條例之規定辦理。

遺囑人以其在臺灣地區之財產遺贈大陸地區人民、法人、團體或其他機構者，其總額不得逾新臺幣200萬元。

第一項遺產中，有以不動產爲標的者，應將大陸地區繼承人之繼承權利折算爲價額。但其爲臺灣地區繼承人賴以居住之不動產者，大陸地區繼承人不得繼承之，於定大陸地區繼承人應得部分時，其價額不計入遺產總額。

大陸地區人民爲臺灣地區人民配偶，其繼承在臺灣地區之遺產或受遺贈者，依下列規定辦理：

一、不適用第一項及第三項總額不得逾新臺幣200萬元之限制規定。

二、其經許可長期居留者，得繼承以不動產爲標的之遺產，不適用前項有關繼承權利應折算爲價額之規定。但不動產爲臺灣地區繼承人賴以居住者，不得繼承之，於定大陸地區繼承人應得部分時，其價額不計入遺產總額。

三、前款繼承之不動產，如爲土地法第十七條第一項各款所列土地，準用同條第二項但書規定辦理。

第六十七條之一

前條第一項之遺產事件，其繼承人全部爲大陸地區人民者，除應適用第六十八條之情形者外，由繼承人、利害關係人或檢察官聲請法院指定財政部國有財產局爲遺產管理人，管理其遺產。

被繼承人之遺產依法應登記者，遺產管理人應向該管登記機關登記。

第一項遺產管理辦法，由財政部擬定，報請行政院核定之。

第六十八條

現役軍人或退除役官兵死亡而無繼承人、繼承人之有無不明或繼承人因故不能管理遺產者，由主管機關管理其遺產。

前項遺產事件，在本條例施行前，已由主管機關處理者，依其處理。

第一項遺產管理辦法，由國防部及行政院國軍退除役官兵輔導委員會分別擬定，報請行政院核定之。

本條例中華民國85年9月18日修正生效前，大陸地區人民未於第六十六條所定期限內完成繼承之第一項及第二項遺產，由主管機關逕行捐助設置財團法人榮民榮眷基金會，辦理下列業務，不受第六十七條第一項歸屬國庫規定之限制：

一、亡故現役軍人或退除役官兵在大陸地區繼承人申請遺產之核發事項。

二、榮民重大災害救助事項。

三、清寒榮民子女教育獎助學金及教育補助事項。

四、其他有關榮民、榮眷福利及服務事項。

依前項第一款申請遺產核發者，以其亡故現役軍人或退除役官兵遺產，已納入財團法人榮民榮眷基金會者爲限。

財團法人榮民榮眷基金會章程，由行政院國軍退除役官兵輔導委員會擬定，報請行政院核定之。

第六十九條

大陸地區人民、法人、團體或其他機構，或其於第三地區投資之公司，非經主管機關許可，不得在臺灣地區取得、設定或移轉不動產物權。但土地法第十七條第一項所列各款土地，不得取得、設定負擔或承租。

前項申請人資格、許可條件及用途、申請程序、申報事項、應備文件、審核方式、未依許可用途使用之處理及其他應遵行事項之辦法，由主管機關擬定，報請行政院核定之。

第七十條（刪除）

第七十一條

未經許可之大陸地區法人、團體或其他機構，以其名義在臺灣地區與他人爲法律行爲者，其行爲人就該法律行爲，應與該大陸地區法人、團體或其他機構，負連帶責任。

第七十二條

大陸地區人民、法人、團體或其他機構，非經主管機關許可，不得爲

臺灣地區法人、團體或其他機構之成員或擔任其任何職務。

前項許可辦法，由有關主管機關擬定，報請行政院核定之。

第七十三條

大陸地區人民、法人、團體、其他機構或其於第三地區投資之公司，非經主管機關許可，不得在臺灣地區從事投資行為。

依前項規定投資之事業依公司法設立公司者，投資人不受同法第二百十六條第一項關於國內住所之限制。

第一項所定投資人之資格、許可條件、程序、投資之方式、業別項目與限額、投資比率、結匯、審定、轉投資、申報事項與程序、申請書格式及其他應遵行事項之辦法，由有關主管機關擬定，報請行政院核定之。

依第一項規定投資之事業，應依前項所定辦法規定或主管機關命令申報財務報表、股東持股變化或其他指定之資料；主管機關得派員前往檢查，投資事業不得規避、妨礙或拒絕。

投資人轉讓其投資時，轉讓人及受讓人應會同向主管機關申請許可。

【罰則：第九十三條之一】

第七十四條

在大陸地區作成之民事確定裁判、民事仲裁判斷，不違背臺灣地區公共秩序或善良風俗者，得聲請法院裁定認可。

前項經法院裁定認可之裁判或判斷，以給付為內容者，得為執行名義。

前二項規定，以在臺灣地區作成之民事確定裁判、民事仲裁判斷，得聲請大陸地區法院裁定認可或為執行名義者，始適用之。

第四章　刑　事

第七十五條

在大陸地區或在大陸船艦、航空器內犯罪，雖在大陸地區曾受處罰，仍得依法處斷。但得免其刑之全部或一部之執行。

第七十五條之一

大陸地區人民於犯罪後出境，致不能到庭者，法院得於其能到庭以前停止審判。但顯有應諭知無罪或免刑判決之情形者，得不待其到庭，逕行判決。

第七十六條

配偶之一方在臺灣地區，一方在大陸地區，而於民國76年11月1日以前重為婚姻或與非配偶以共同生活為目的而同居者，免予追訴、處罰；其相婚或與同居者，亦同。

第七十七條

大陸地區人民在臺灣地區以外之地區，犯內亂罪、外患罪，經許可進入臺灣地區，而於申請時據實申報者，免予追訴、處罰；其進入臺灣地區參加主管機關核准舉辦之會議或活動，經專案許可免予申報者，亦同。

第七十八條

大陸地區人民之著作權或其他權利在臺灣地區受侵害者，其告訴或自訴之權利，以臺灣地區人民得在大陸地區享有同等訴訟權利者為限。

第五章　罰　則

第七十九條

違反第十五條第一款規定者，處1年以上7年以下有期徒刑，得併科新臺幣100萬元以下罰金。

意圖營利而犯前項之罪者，處3年以上10年以下有期徒刑，得併科新臺幣500萬元以下罰金。

前二項之首謀者，處五年以上有期徒刑，得併科新臺幣1,000萬元以下罰金。

前三項之未遂犯罰之。

中華民國船舶、航空器或其他運輸工具所有人、營運人或船長、機長、其他運輸工具駕駛人違反第十五條第一款規定者，主管機關得處該中華民國船舶、航空器或其他運輸工具一定期間之停航，或廢止其有關證照，並得停止或廢止該船長、機長或駕駛人之職業證照或資格。

中華民國船舶、航空器或其他運輸工具所有人，有第一項至第四項之行為或因其故意、重大過失致使第三人以其船舶、航空器或其他運輸工具從事第一項至第四項之行為，且該行為係以運送大陸地區人民非法進入臺灣地區為主要目的者，主管機關得沒入該船舶、航空器或其他運輸工具。所有人明知該船舶、航空器或其他運輸工具得沒入，為規避沒入之裁處而取得所有權者，亦同。

前項情形，如該船舶、航空器或其他運輸工具無相關主管機關得予沒入時，得由查獲機關沒入之。

第七十九條之一

受託處理臺灣地區與大陸地區人民往來有關之事務或協商簽署協議，逾越委託範圍，致生損害於國家安全或利益者，處行為負責人5年以下有期徒刑、拘役或科或併科新臺幣50萬元以下罰金。

前項情形，除處罰行為負責人外，對該法人、團體或其他機構，並科以前項所定之罰金。

第七十九條之二

違反第四條之四第一款規定，未經同意赴大陸地區者，處新臺幣30萬元以上150萬元以下罰鍰。

第七十九條之三

違反第四條之四第四款規定者，處新臺幣20萬元以上200萬元以下罰鍰。

違反第五條之一規定者，處新臺幣20萬元以上200萬元以下罰鍰；其情節嚴重或再為相同、類似之違反行為者，處5年以下有期徒刑、拘役或科或併科新臺幣50萬元以下罰金。

前項情形，如行為人為法人、團體或其他機構，處罰其行為負責人；對該法人、團體或其他機構，並科以前項所定之罰金。

第八十條

中華民國船舶、航空器或其他運輸工具所有人、營運人或船長、機長、其他運輸工具駕駛人違反第二十八條規定或違反第二十八條之一第一項規定或臺灣地區人民違反第二十八條之一第二項規定者，處3年以下有期徒刑、拘役或科或併科新臺幣100萬元以上1,500萬元以下罰金。但行為係出於中華民國船舶、航空器或其他運輸工具之船長或機長或駕駛人自行決定者，處罰船長或機長或駕駛人。

前項中華民國船舶、航空器或其他運輸工具之所有人或營運人為法人者，除處罰行為人外，對該法人並科以前項所定之罰金。但法人之代表人對於違反之發生，已盡力為防止之行為者，不在此限。

刑法第七條之規定，對於第一項臺灣地區人民在中華民國領域外私行運送大陸地區人民前往臺灣地區及大陸地區以外之國家或地區者，不適用之。

第一項情形，主管機關得處該中華民國船舶、航空器或其他運輸工具一定期間之停航，或廢止其有關證照，並得停止或廢止該船長、機長或駕駛人之執業證照或資格。

第八十條之一

大陸船舶違反第三十二條第一項規定，經主管機關扣留者，得處該船舶所有人、營運人或船長、駕駛人新臺幣100萬元以上1,000萬以下罰鍰。

前項船舶為漁船者，得處其所有人、營運人或船長、駕駛人新臺幣5萬元以上50萬元以下罰鍰。

前二項所定之罰鍰，由海岸巡防機關執行處罰。

第八十一條

違反第三十六條第一項或第二項規定者，處新臺幣200萬元以上1,000萬元以下罰鍰，並得限期命其停止或改正；屆期不停止或改正，或停止後再為相同違反行為者，處行為負責人3年以下有期徒刑、拘役或科或併科新臺幣1,500萬元以下罰金。

臺灣地區金融保險證券期貨機構及其在臺灣地區以外之國家或地區設立之分支機構，違反財政部依第三十六條第四項規定報請行政院核定之限制或禁止命令者，處行為負責人3年以下有期徒刑、拘役或科或併科新臺幣100萬元以上1,500萬元以下罰金。

前二項情形，除處罰其行為負責人外，對該金融保險證券期貨機構，並科以前二項所定之罰金。

第一項及第二項之規定，於在中華民國領域外犯罪者，適用之。

第八十二條

違反第二十三條規定從事招生或居間介紹行為者，處1年以下有期徒刑、拘役或科或併科新臺幣100萬元以下罰金。

第八十三條

違反第十五條第四款或第五款規定者，處2年以下有期徒刑、拘役或科或併科新臺幣30萬元以下罰金。

意圖營利而違反第十五條第五款規定者，處3年以下有期徒刑、拘役或科或併科新臺幣60萬元以下罰金。

法人之代表人、法人或自然人之代理人、受僱人或其他從業人員，因執行業務犯前二項之罪者，除處罰行為人外，對該法人或自然人並科以前二項所定之罰金。但法人之代表人或自然人對於違反之發生，已盡力為防止行為者，不在此限。

第八十四條

違反第十五條第二款規定者，處六月以下有期徒刑、拘役或科或併科新臺幣10萬元以下罰金。

法人之代表人、法人或自然人之代理人、受僱人或其他從業人員，因

執行業務犯前項之罪者，除處罰行為人外，對該法人或自然人並科以前項所定之罰金。但法人之代表人或自然人對於違反之發生，已盡力為防止行為者，不在此限。

第八十五條

違反第三十條第一項規定者，處新臺幣300萬元以上1,500萬元以下罰鍰，並得禁止該船舶、民用航空器或其他運輸工具所有人、營運人之所屬船舶、民用航空器或其他運輸工具，於一定期間內進入臺灣地區港口、機場。

前項所有人或營運人，如在臺灣地區未設立分公司者，於處分確定後，主管機關得限制其所屬船舶、民用航空器或其他運輸工具駛離臺灣地區港口、機場，至繳清罰鍰為止。但提供與罰鍰同額擔保者，不在此限。

第八十五條之一

違反依第三十六條之一所發布之限制或禁止命令者，處新臺幣300萬元以上1,500萬元以下罰鍰。中央銀行指定辦理外匯業務銀行違反者，並得由中央銀行按其情節輕重，停止其一定期間經營全部或一部外匯之業務。

第八十六條

違反第三十五條第一項規定從事一般類項目之投資或技術合作者，處新臺幣5萬元以上2,500萬元以下罰鍰，並得限期命其停止或改正；屆期不停止或改正者，得連續處罰。

違反第三十五條第一項規定從事禁止類項目之投資或技術合作者，處新臺幣5萬元以上2,500萬元以下罰鍰，並得限期命其停止；屆期不停止，或停止後再為相同違反行為者，處行為人2年以下有期徒刑、拘役或科或併科新臺幣2,500萬元以下罰金。

法人、團體或其他機構犯前項之罪者，處罰其行為負責人。

違反第三十五條第二項但書規定從事商業行為者，處新臺幣5萬元以上500萬元以下罰鍰，並得限期命其停止或改正；屆期不停止或改正

者，得連續處罰。

違反第三十五條第三項規定從事貿易行為者，除依其他法律規定處罰外，主管機關得停止其2個月以上1年以下輸出入貨品或廢止其出進口廠商登記。

第八十七條

違反第十五條第三款規定者，處新臺幣20萬元以上100萬元以下罰鍰。

第八十八條

違反第三十七條規定者，處新臺幣4萬元以上20萬元以下罰鍰。

前項出版品、電影片、錄影節目或廣播電視節目，不問屬於何人所有，沒入之。

第八十九條

委託、受託或自行於臺灣地區從事第三十四條第一項以外大陸地區物品、勞務、服務或其他事項之廣告播映、刊登或其他促銷推廣活動者，或違反第三十四條第二項、或依第四項所定管理辦法之強制或禁止規定者，處新臺幣10萬元以上50萬元以下罰鍰。

前項廣告，不問屬於何人所有或持有，得沒入之。

第九十條

具有第九條第四項身分之臺灣地區人民，違反第三十三條第二項規定者，處3年以下有期徒刑、拘役或科或併科新臺幣50萬元以下罰金；未經許可擔任其他職務者，處1年以下有期徒刑、拘役或科或併科新臺幣30萬元以下罰金。

前項以外之現職及退離職未滿3年之公務員，違反第三十三條第二項規定者，處1年以下有期徒刑、拘役或科或併科新臺幣30萬元以下罰金。

不具備前二項情形，違反第三十三條第二項或第三項規定者，處新臺幣10萬元以上50萬元以下罰鍰。

違反第三十三條第四項規定者，處3年以下有期徒刑、拘役，得併科

新臺幣50萬元以下罰金。

第九十條之一

具有第九條第四項第一款、第二款或第五款身分，退離職未滿3年之公務員，違反第三十三條第二項規定者，喪失領受退休（職、伍）金及相關給與之權利。

前項人員違反第三十三條第三項規定，其領取月退休（職、伍）金者，停止領受月退休（職、伍）金及相關給與之權利，至其原因消滅時恢復。

第九條第四項第一款、第二款或第五款身分以外退離職未滿3年公務員，違反第三十三條第二項規定者，其領取月退休（職、伍）金者，停止領受月退休（職、伍）金及相關給與之權利，至其原因消滅時恢復。

臺灣地區公務員，違反第三十三條第四項規定者，喪失領受退休（職、伍）金及相關給與之權利。

第九十條之二

違反第三十三條之一第一項或第三十三條之二第一項規定者，處新臺幣10萬元以上50萬元以下罰鍰，並得按次連續處罰。

違反第三十三條之一第二項、第三十三條之三第一項或第二項規定者，處新臺幣1萬元以上50萬元以下罰鍰，主管機關並得限期令其申報或改正；屆期未申報或改正者，並得按次連續處罰至申報或改正為止。

第九十一條

違反第九條第二項規定者，處新臺幣1萬元以下罰鍰。

違反第九條第三項或第七項行政院公告之處置規定者，處新臺幣2萬元以上10萬元以下罰鍰。

違反第九條第四項規定者，處新臺幣20萬元以上100萬元以下罰鍰。

第九十二條

違反第三十八條第一項或第二項規定，未經許可或申報之幣券，由海

關沒入之；申報不實者，其超過部分沒入之。

違反第三十八條第四項所定辦法而為兌換、買賣或其他交易者，其大陸地區發行之幣券及價金沒入之；臺灣地區金融機構及外幣收兌處違反者，得處或併處新臺幣30萬元以上150萬元以下罰鍰。

主管機關或海關執行前二項規定時，得洽警察機關協助。

第九十三條

違反依第三十九條第二項規定所發之限制或禁止命令者，其文物或藝術品，由主管機關沒入之。

第九十三條之一

違反第七十三條第一項規定從事投資者，主管機關得處新臺幣12萬元以上60萬元以下罰鍰及停止其股東權利，並得限期命其停止或撤回投資；屆期仍未改正者，並得連續處罰至其改正為止；屬外國公司分公司者，得通知公司登記主管機關撤銷或廢止其認許。

違反第七十三條第四項規定，應申報而未申報或申報不實或不完整者，主管機關得處新臺幣6萬元以上30萬元以下罰鍰，並限期命其申報、改正或接受檢查；屆期仍未申報、改正或接受檢查者，並得連續處罰至其申報、改正或接受檢查為止。

依第七十三條第一項規定經許可投資之事業，違反依第七十三條第三項所定辦法有關轉投資之規定者，主管機關得處新臺幣6萬元以上30萬元以下罰鍰，並限期命其改正；屆期仍未改正者，並得連續處罰至其改正為止。

投資人或投資事業違反依第七十三條第三項所定辦法規定，應辦理審定、申報而未辦理或申報不實或不完整者，主管機關得處新臺幣6萬元以上30萬元以下罰鍰，並得限期命其辦理審定、申報或改正；屆期仍未辦理審定、申報或改正者，並得連續處罰至其辦理審定、申報或改正為止。

投資人之代理人因故意或重大過失而申報不實者，主管機關得處新臺幣6萬元以上30萬元以下罰鍰。

主管機關依前五項規定對投資人為處分時，得向投資人之代理人或投資事業為送達；其為罰鍰之處分者，得向投資事業執行之；投資事業於執行後對該投資人有求償權，並得按市價收回其股份抵償，不受公司法第一百六十七條第一項規定之限制；其收回股份，應依公司法第一百六十七條第二項規定辦理。

第九十三條之二

違反第四十條之一第一項規定未經許可而為業務活動者，處行為人1年以下有期徒刑、拘役或科或併科新臺幣15萬元以下罰金，並自負民事責任；行為人有2人以上者，連帶負民事責任，並由主管機關禁止其使用公司名稱。

違反依第四十條之一第二項所定辦法之強制或禁止規定者，處新臺幣2萬元以上10萬元以下罰鍰，並得限期命其停止或改正；屆期未停止或改正者，得連續處罰。

第九十三條之三

違反第四十條之二第一項或第二項規定者，處新臺幣50萬元以下罰鍰，並得限期命其停止；屆期不停止，或停止後再為相同違反行為者，處行為人2年以下有期徒刑、拘役或科或併科新臺幣50萬元以下罰金。

第九十四條

本條例所定之罰鍰，由主管機關處罰；依本條例所處之罰鍰，經限期繳納，屆期不繳納者，依法移送強制執行。

第六章　附　則

第九十五條

主管機關於實施臺灣地區與大陸地區直接通商、通航及大陸地區人民進入臺灣地區工作前，應經立法院決議；立法院如於會期內1個月未為決議，視為同意。

第九十五條之一

主管機關實施臺灣地區與大陸地區直接通商、通航前，得先行試辦金門、馬祖、澎湖與大陸地區之通商、通航。

前項試辦與大陸地區直接通商、通航之實施區域、試辦期間，及其有關航運往來許可、人員入出許可、物品輸出入管理、金融往來、通關、檢驗、檢疫、查緝及其他往來相關事項，由行政院以實施辦法定之。

前項試辦實施區域與大陸地區通航之港口、機場或商埠，就通航事項，準用通商口岸規定。

輸入試辦實施區域之大陸地區物品，未經許可，不得運往其他臺灣地區；試辦實施區域以外之臺灣地區物品，未經許可，不得運往大陸地區。但少量自用之大陸地區物品，得以郵寄或旅客攜帶進入其他臺灣地區；其物品項目及數量限額，由行政院定之。

違反前項規定，未經許可者，依海關緝私條例第三十六條至第三十九條規定處罰；郵寄或旅客攜帶之大陸地區物品，其項目、數量超過前項限制範圍者，由海關依關稅法第七十七條規定處理。

本條試辦期間如有危害國家利益、安全之虞或其他重大事由時，得由行政院以命令終止一部或全部之實施。

第九十五條之二

各主管機關依本條例規定受理申請許可、核發證照，得收取審查費、證照費；其收費標準，由各主管機關定之。

第九十五條之三

依本條例處理臺灣地區與大陸地區人民往來有關之事務，不適用行政程序法之規定。

第九十五條之四

本條例施行細則，由行政院定之。

第九十六條

本條例施行日期，由行政院定之。

臺灣地區與大陸地區人民關係條例施行細則

第一條

本細則依臺灣地區與大陸地區人民關係條例（以下簡稱本條例）第九十五條之四規定訂定之。

第二條

本條例第一條、第四條、第六條、第四十一條、第六十二條及第六十三條所稱人民，指自然人、法人、團體及其他機構。

第三條

本條例第二條第二款之施行區域，指中共控制之地區。

第四條

本條例第二條第三款所定臺灣地區人民，包括下列人民：

一、曾在臺灣地區設有戶籍，中華民國90年2月19日以前轉換身分為大陸地區人民，依第六條規定回復臺灣地區人民身分者。

二、在臺灣地區出生，其父母均為臺灣地區人民，或一方為臺灣地區人民，一方為大陸地區人民者。

三、在大陸地區出生，其父母均為臺灣地區人民，未在大陸地區設有戶籍或領用大陸地區護照者。

四、依本條例第九條之二第一項規定，經內政部許可回復臺灣地區人民身分，並返回臺灣地區定居者。

大陸地區人民經許可進入臺灣地區定居，並設有戶籍者，為臺灣地區人民。

第五條

本條例第二條第四款所定大陸地區人民，包括下列人民：

一、在大陸地區出生並繼續居住之人民，其父母雙方或一方為大陸地區人民者。

二、在臺灣地區出生，其父母均為大陸地區人民者。

三、在臺灣地區設有戶籍，中華民國90年2月19日以前轉換身分為大陸地區人民，未依第六條規定回復臺灣地區人民身分者。

四、依本條例第九條之一第二項規定在大陸地區設有戶籍或領用大陸地區護照，而喪失臺灣地區人民身分者。

第六條

中華民國76年11月2日起迄中華民國90年2月19日間前往大陸地區繼續居住逾4年致轉換身分為大陸地區人民，其在臺灣地區原設有戶籍，且未在大陸地區設有戶籍或領用大陸地區護照者，得申請回復臺灣地區人民身分，並返臺定居。

前項申請回復臺灣地區人民身分有下列情形之一者，主管機關得不予許可其申請：

一、現（曾）擔任大陸地區黨務、軍事、行政或具政治性機關（構）、團體之職務或為其成員。

二、有事實足認有危害國家安全、社會安定之虞。

依第一項規定申請回復臺灣地區人民身分，並返臺定居之程序及審查基準，由主管機關另定之。

第七條

本條例第三條所定大陸地區人民旅居國外者，包括在國外出生，領用大陸地區護照者。但不含旅居國外4年以上之下列人民在內：

一、取得當地國籍者。

二、取得當地永久居留權並領有我國有效護照者。

前項所稱旅居國外4年之計算，指自抵達國外翌日起，4年間返回大陸地區之期間，每次未逾30日而言；其有逾30日者，當年不列入4年之計算。但返回大陸地區有下列情形之一者，不在此限：

一、懷胎7月以上或生產、流產，且自事由發生之日起未逾2個月。

二、罹患疾病而離開大陸地區有生命危險之虞，且自事由發生之日起未逾2個月。

三、大陸地區之二親等內之血親、繼父母、配偶之父母、配偶或子女之配偶在大陸地區死亡，且自事由發生之日起未逾2個月。

四、遇天災或其他不可避免之事變，且自事由發生之日起未逾1個

月。

第八條

本條例第四條第一項所定機構或第二項所定受委託之民間團體，於驗證大陸地區製作之文書時，應比對正、副本或其製作名義人簽字及鈐印之眞正，或爲查證。

第九條

依本條例第七條規定推定爲眞正之文書，其實質上證據力，由法院或有關主管機關認定。

文書內容與待證事實有關，且屬可信者，有實質上證據力。

推定爲眞正之文書，有反證事實證明其爲不實者，不適用推定。

第十條

本條例第九條之一第二項所稱其他以在臺灣地區設有戶籍所衍生相關權利，指經各有關機關認定依各相關法令所定以具有臺灣地區人民身分爲要件所得行使或主張之權利。

第十一條

本條例第九條之一第二項但書所稱因臺灣地區人民身分所負之責任及義務，指因臺灣地區人民身分所應負之兵役、納稅、爲刑事被告、受科處罰金、拘役、有期徒刑以上刑之宣告尙未執行完畢、爲民事被告、受強制執行未終結、受破產之宣告未復權、受課處罰鍰等法律責任、義務或司法制裁。

第十二條

本條例第十三條第一項所稱僱用大陸地區人民者，指依本條例第十一條規定，經行政院勞工委員會許可僱用大陸地區人民從事就業服務法第四十六條第一項第八款至第十款規定工作之雇主。

第十三條

本條例第十六條第二項第三款所稱民國34年後，因兵役關係滯留大陸地區之臺籍軍人，指臺灣地區直轄市、縣（市）政府出具名冊，層轉國防部核認之人員。

本條例第十六條第二項第四款所稱民國38年政府遷臺後，因作戰或執行特種任務被俘之前國軍官兵，指隨政府遷臺後，復奉派赴大陸地區有案之人員。

前項所定人員，由其在臺親屬或原派遣單位提出來臺定居申請，經國防部核認者，其本人及配偶，得准予入境。

第十四條

依本條例規定強制大陸地區人民出境前，該人民有下列各款情事之一者，於其原因消失後強制出境：

一、懷胎5月以上或生產、流產後2月未滿。

二、患疾病而強制其出境有生命危險之虞。

大陸地區人民於強制出境前死亡者，由指定之機構依規定取具死亡證明書等文件後，連同遺體或骨灰交由其同船或其他人員於強制出境時攜返。

第十五條

本條例第十八條第一項第一款所定未經許可入境者，包括持偽造、變造之護照、旅行證或其他相類之證書、有事實足認係通謀虛偽結婚經撤銷或廢止其許可或以其他非法之方法入境者在內。

第十六條

本條例第十八條第一項第四款所定有事實足認為有犯罪行為者，指涉及刑事案件，經治安機關依下列事證之一查證屬實者：

一、檢舉書、自白書或鑑定書。

二、照片、錄音或錄影。

三、警察或治安人員職務上製作之筆錄或查證報告。

四、檢察官之起訴書、處分書或審判機關之裁判書。

五、其他具體事證。

第十七條

本條例第十八條第一項第五款所定有事實足認為有危害國家安全或社會安定之虞者，得逕行強制其出境之情形如下：

一、曾參加或資助內亂、外患團體或其活動而隱瞞不報。

二、曾參加或資助恐怖或暴力非法組織或其活動而隱瞞不報。

三、在臺灣地區外涉嫌犯罪或有犯罪習慣。

第十八條

大陸地區人民經強制出境者，治安機關應將其身分資料、出境日期及法令依據，送內政部警政署入出境管理局建檔備查。

第十九條

本條例第二十條第一項所定應負擔強制出境所需之費用，包括強制出境前於收容期間所支出之必要費用。

第二十條

本條例第二十一條所定公教或公營事業機關（構）人員，不包括下列人員：

一、經中央目的事業主管機關核可受聘擔任學術研究機構、專科以上學校及戲劇藝術學校之研究員、副研究員、助理研究員、博士後研究、研究講座、客座教授、客座副教授、客座助理教授、客座專家、客座教師。

二、經濟部及交通部所屬國營事業機關（構），不涉及國家安全或機密科技研究之聘僱人員。

本條例第二十一條第一項所稱情報機關（構），指國家安全局組織法第二條第一項所定之機關（構）；所稱國防機關（構），指國防部及其所屬機關（構）、部隊。

第二十一條

依本條例第三十五條規定，於中華民國91年6月30日前經主管機關許可，經由在第三地區投資設立之公司或事業在大陸地區投資之臺灣地區法人、團體或其他機構，自中華民國91年7月1日起所獲配自第三地區公司或事業之投資收益，不論該第三地區公司或事業用以分配之盈餘之發生年度，均得適用本條例第二十四條第二項規定。

依本條例第三十五條規定，於中華民國91年7月1日以後經主管機關

許可，經由在第三地區投資設立之公司或事業在大陸地區投資之臺灣地區法人、團體或其他機構，自許可之日起所獲配自第三地區公司或事業之投資收益，適用前項規定。

本條例第二十四條第二項有關應納稅額扣抵之規定及計算如下：

一、應依所得稅法規定申報課稅之第三地區公司或事業之投資收益，係指第三地區公司或事業分配之投資收益金額，無須另行計算大陸地區來源所得合併課稅。

二、所稱在大陸地區及第三地區已繳納之所得稅，指：

　㈠第三地區公司或事業源自大陸地區之投資收益在大陸地區繳納之股利所得稅。

　㈡第三地區公司或事業源自大陸地區之投資收益在第三地區繳納之公司所得稅，計算如下：

　　第三地區公司或事業當年度已繳納之公司所得稅×當年度源自大陸地區之投資收益／當年度第三地區公司或事業之總所得

　㈢第三地區公司或事業分配之投資收益在第三地區繳納之股利所得稅。

三、前款第一目規定在大陸地區繳納之股利所得稅及第二目規定源自大陸地區投資收益在第三地區所繳納之公司所得稅，經取具第四項及第五項規定之憑證，得不分稅額之繳納年度，在規定限額內扣抵。

臺灣地區法人、團體或其他機構，列報扣抵前項規定已繳納之所得稅時，除應依第五項規定提出納稅憑證外，並應提出下列證明文件：

一、足資證明源自大陸地區投資收益金額之財務報表或相關文件。

二、足資證明第三地區公司或事業之年度所得中源自大陸地區投資收益金額之相關文件，包括載有第三地區公司或事業全部收入、成本、費用金額等之財務報表或相關文件，並經第三地區合格會計師之簽證。

三、足資證明第三地區公司或事業分配投資收益金額之財務報表或相

關文件。

臺灣地區人民、法人、團體或其他機構，扣抵本條例第二十四條第一項及第二項規定之大陸地區及第三地區已繳納之所得稅時，應取得大陸地區及第三地區稅務機關發給之納稅憑證。其屬大陸地區納稅憑證者，應經本條例第七條規定之機構或民間團體驗證；其屬第三地區納稅憑證者，應經中華民國駐外使領館、代表處、辦事處或其他經外交部授權機構認證。

本條例第二十四條第三項所稱因加計其大陸地區來源所得，而依臺灣地區適用稅率計算增加之應納稅額，其計算如下：

一、有關營利事業所得稅部分：

（臺灣地區來源所得額＋本條例二十四條第一項規定之大陸地區來源所得＋本條例第二十四條第二項規定之第三區公司或事業之投資收益）×稅率－累進差額＝營利事業國內所得額應納稅額。

（臺灣地區來源所得額×稅率）－累進差額＝營利事業臺灣地區來源所得額應納稅額。

營利事業國內所得額應納稅額－營利事業臺灣地區來源所得額應納稅額＝因加計大陸地區來源所得及第三地區公司或事業之投資收益而增加之結算應納稅額。

二、有關綜合所得稅部分：

〔（臺灣地區來源所得額＋大陸地區來源所得額）－免稅額－扣除額〕×稅率－累進差額＝綜合所得額應納稅額。

（臺灣地區來源所得額－免稅額－扣除額）×稅率－累進差額＝臺灣地區綜合所得額應納稅額。

綜合所得應納稅額－臺灣地區綜合所得額應納稅額＝因加計大陸地區來源所得而增加之結算應納稅額。

第二十二條

依本條例第二十六條第一項規定申請改領一次退休（職、伍）給與人員，應於赴大陸地區長期居住之3個月前，檢具下列文件，向原退休

（職、伍）機關或所隸管區提出申請：

一、申請書。

二、支領（或兼領）月退休（職、伍）給與證書。

三、申請人全戶戶籍謄本。

四、經許可或查驗赴大陸地區之證明文件。

五、決定在大陸地區長期居住之意願書。

六、在臺灣地區有受扶養人者，經公證之受扶養人同意書。

七、申請改領一次退休（職、伍）給與時之前3年內，赴大陸地區
　　居、停留，合計逾183日之相關證明文件。

前項第四款所定查驗文件，無法事前繳驗者，原退休（職、伍）機關
得於申請人出境後1個月內，以書面向內政部警政署入出境管理局查
證，並將查證結果通知核定機關。

原退休（職、伍）機關或所隸管區受理第一項申請後，應詳細審核並
轉報核發各該月退休（職、伍）給與之主管機關於2個月內核定。其
經核准者，申請人應於赴大陸地區前1個月內，檢具入出境等有關證
明文件，送請支給機關審定後辦理付款手續。軍職退伍人員經核准改
支一次退伍之同時，發給退除給與支付證。

第二十三條

申請人依前條規定領取一次退休（職、伍）給與後，未於2個月內赴
大陸地區長期居住者，由原退休（職、伍）機關通知支給機關追回其
所領金額。

第二十四條

申請人有前條情形，未依規定繳回其所領金額者，不得以任何理由請
求回復支領月退休（職、伍）給與。

第二十五條

兼領月退休（職）給與人員，依本條例第二十六條第一項規定申請其
應領之一次退休（職）給與者，應按其兼領月退休（職）給與之比例
計算。

第二十六條

本條例所稱赴大陸地區長期居住，指赴大陸地區居、停留，1年內合計逾183日。但有下列情形之一並提出證明者，得不計入期間之計算：

一、受拘禁或留置。

二、懷胎7月以上或生產、流產，且自事由發生之日起未逾2個月。

三、配偶、二親等內之血親、繼父母、配偶之父母、或子女之配偶在大陸地區死亡，且自事由發生之日起未逾2個月。

四、遇天災或其他不可避免之事變，且自事由發生之日起未逾1個月。

第二十七條

本條例第二十六條第二項所稱受其扶養之人，指依民法第一千一百十四條至第一千一百十八條所定應受其扶養之人。

前項受扶養人為無行為能力人者，其同意由申請人以外之法定代理人或監護人代為行使；其為限制行為能力人者，應經申請人以外之法定代理人或監護人之允許。

第二十八條

本條例第二十六條第三項所稱停止領受退休（職、伍）給與之權利，指支領各種月退休（職、伍）給與之退休（職、伍）軍公教及公營事業機關（構）人員，自其在大陸地區設有戶籍或領用大陸護照時起，停止領受退休（職、伍）給與；如有溢領金額，應予追回。

第二十九條

大陸地區人民依本條例第二十六條之一規定請領保險死亡給付、一次撫卹金、餘額退伍金或一次撫慰金者，應先以書面並檢附相關文件向死亡人員最後服務機關（構）、學校申請，經初核後函轉主管（辦）機關核定，再由死亡人員最後服務機關（構）、學校通知申請人，據以申請進入臺灣地區領受各該給付。但軍職人員由國防部核轉通知。

前項公教及公營事業機關（構）人員之各項給付，應依死亡當時適

用之保險、退休（職）、撫卹法令規定辦理。各項給付之總額依本條例第二十六條之一第二項規定，不得逾新臺幣200萬元。本條例第六十七條規定之遺產繼承總額不包括在內。

第一項之各項給付請領人以大陸地區自然人為限。

應受理申請之死亡人員最後服務機關（構）、學校已裁撤或合併者，應由其上級機關（構）或承受其業務或合併後之機關（構）、學校辦理。

死亡人員在臺灣地區無遺族或法定受益人之證明，應由死亡人員最後服務機關（構）、學校或國防部依據死亡人員在臺灣地區之全戶戶籍謄本、公務人員履歷表或軍職人員兵籍資料等相關資料出具。其無法查明者，應由死亡人員最後服務機關（構）、學校或國防部登載公報或新聞紙後，經6個月無人承認，即可出具。

第三十條

大陸地區法定受益人依本條例第二十六條之一第一項規定申請保險死亡給付者，應檢具下列文件：

一、給付請領書。

二、死亡人員之死亡證明書或其他合法之死亡證明文件。

三、死亡人員在臺灣地區無法定受益人證明。

四、經行政院設立或指定之機構或委託之民間團體驗證之法定受益人身分證明文件（大陸地區居民證或常住人口登記表）及親屬關係證明文件。

第三十一條

大陸地區遺族依本條例第二十六條之一第一項規定申請一次撫卹金者，應檢具下列文件：

一、撫卹事實表或一次撫卹金申請書。

二、死亡人員之死亡證明書或其他合法之死亡證明文件；因公死亡人員應另檢具因公死亡證明書及足資證明因公死亡之相關證明文件。

三、死亡人員在臺灣地區無遺族證明。

四、死亡人員最後服務機關（構）、學校查證屬實之歷任職務證明文件。

五、經行政院設立或指定之機構或委託之民間團體驗證之大陸地區遺族身分證明文件（大陸地區居民證或常住人口登記表）及撫卹遺族親屬關係證明文件。

前項依公務人員撫卹法或學校教職員撫卹條例核給之一次撫卹金之計算，按公務人員退休法或學校教職員退休條例一次退休金之標準辦理。

第三十二條

大陸地區遺族依本條例第二十六條之一第一項規定申請餘額退伍金或一次撫慰金者，應檢具下列文件：

一、餘額退伍金或一次撫慰金申請書。

二、死亡人員支（兼）領月退休金證書。

三、死亡人員之死亡證明書或其他合法之死亡證明文件。

四、死亡人員在臺灣地區無遺族或合法遺囑指定人證明。

五、經行政院設立或指定之機構或委託之民間團體驗證之大陸地區遺族或合法遺囑指定人身分證明文件（大陸地區居民證或常住人口登記表）及親屬關係證明文件。

六、遺囑指定人應繳交死亡人員之遺囑。

第三十三條

依本條例第二十六條之一規定得申請領受各項給付之申請人有數人時，應協議委託其中一人代表申請，受託人申請時應繳交委託書。

申請人無法取得死亡人員之死亡證明書或其他合法之死亡證明文件時，得函請死亡人員最後服務機關（構）、學校協助向主管機關查證或依主管權責出具。但軍職人員由國防部出具。

依本條例第二十六條之一第三項規定請領依法核定保留之各項給付，應依前四條規定辦理。但非請領公教及公營事業機關（構）人員之一次撫卹金者，得免檢附死亡證明書或其他合法之死亡證明文件。

第三十四條

死亡人員最後服務機關（構）、學校受理各項給付申請時，應查明得發給死亡人員遺族或法定受益人之給付項目。各項給付由主管（辦）機關核定並通知支給機關核實簽發支票函送死亡人員最後服務機關（構）、學校，於遺族或法定受益人簽具領據及查驗遺族或法定受益人經許可進入臺灣地區之證明文件及遺族或法定受益人身分證明文件（大陸地區居民證或常住人口登記表）後轉發。

各項給付總額逾新臺幣200萬元者，死亡人員最後服務機關（構）、學校應按各項給付金額所占給付總額之比例核實發給，並函知各該給付之支給機關備查。死亡人員最後服務機關（構）、學校應將遺族或法定受益人簽章具領之領據及餘額分別繳回各項給付之支給機關。但軍職人員由國防部轉發及控管。

遺族或法定受益人有冒領或溢領情事，其本人及相關人員應負法律責任。

第三十五條

大陸地區遺族或法定受益人依本條例第二十六條之一第一項規定申請軍職人員之各項給付者，應依下列標準計算：

一、保險死亡給付：

　　㈠中華民國39年6月1日以後，中華民國59年2月13日以前死亡之軍職人員，依核定保留專戶儲存計息之金額發給。

　　㈡中華民國59年2月14日以後死亡之軍職人員，依申領當時標準發給。但依法保留保險給付者，均以中華民國86年7月1日之標準發給。

二、一次撫卹金：

　　㈠中華民國38年以後至中華民國56年5月13日以前死亡之軍職人員，依法保留撫卹權利者，均按中華民國56年5月14日之給予標準計算。

　　㈡中華民國56年5月14日以後死亡之軍職人員，依法保留撫卹權

利者，依死亡當時之給與標準計算。

三、餘額退伍金或一次撫慰金：依死亡人員死亡當時之退除給與標準
計算。

第三十六條

本條例第二十六條之一第四項所稱特殊情事，指有下列情形之一，經
主管機關核定者：

一、因受傷或疾病，致行動困難無法來臺，並有大陸地區醫療機構出
具之相關證明文件足以證明。

二、請領之保險死亡給付、一次撫卹金、餘額退伍金或一次撫慰金，
單項給付金額為新臺幣10萬元以下。

三、其他經主管機關審酌認定之特殊情事。

第三十七條

依本條例第二十六條之一第四項規定，經主管機關核定，得免進入臺
灣地區請領公法給付者，得以下列方式之一核發：

一、由大陸地區遺族或法定受益人出具委託書委託在臺親友，或本條
例第四條第一項所定機構或第二項所定受委託之民間團體代為領
取。

二、請領之保險死亡給付、一次撫卹金、餘額退伍金或一次撫慰金，
單項給付金額為新臺幣10萬元以下者，得依臺灣地區金融機構
辦理大陸地區匯款相關規定辦理匯款。

三、其他經主管機關認為適當之方式。

主管機關依前項各款規定方式，核發公法給付前，應請大陸地區遺族
或法定受益人出具切結書；核發時，並應查驗遺族或法定受益人事先
簽具之領據等相關文件。

第三十八條

在大陸地區製作之委託書、死亡證明書、死亡證明文件、遺囑、醫療
機構證明文件、切結書及領據等相關文件，應經行政院設立或指定之
機構或委託之民間團體驗證。

第三十九條

有關請領本條例第二十六條之一所定各項給付之申請書表格及作業規定，由銓敘部、教育部、國防部及其他主管機關另定之。

第四十條

本條例第二十八條及第二十八條之一所稱中華民國船舶，指船舶法第二條各款所列之船舶；所稱中華民國航空器，指依民用航空法令規定在中華民國申請登記之航空器。

本條例第二十九條第一項所稱大陸船舶、民用航空器，指在大陸地區登記之船舶、航空器，但不包括軍用船舶、航空器；所稱臺北飛航情報區，指國際民航組織所劃定，由臺灣地區負責提供飛航情報服務及執行守助業務之空域。

本條例第三十條第一項所稱外國船舶、民用航空器，指於臺灣地區及大陸地區以外地區登記之船舶、航空器；所稱定期航線，指在一定港口或機場間經營經常性客貨運送之路線。

本條例第二十八條第一項、第二十八條之一、第二十九條第一項及第三十條第一項所稱其他運輸工具，指凡可利用為航空或航海之器物。

第四十一條

大陸民用航空器未經許可進入臺北飛航情報區限制區域者，執行空防任務機關依下列規定處置：

一、進入限制區域內，距臺灣、澎湖海岸線30浬以外之區域，實施攔截及辨證後，驅離或引導降落。

二、進入限制區域內，距臺灣、澎湖海岸線未滿30浬至12浬以外之區域，實施攔截及辨證後，開槍示警、強制驅離或引導降落，並對該航空器嚴密監視戒備。

三、進入限制區域內，距臺灣、澎湖海岸線未滿12浬之區域，實施攔截及辨證後，開槍示警、強制驅離或逼其降落或引導降落。

四、進入金門、馬祖、東引、烏坵等外島限制區域內，對該航空器實施辨證，並嚴密監視戒備。必要時，應予示警、強制驅離或逼其

降落。

第四十二條

大陸船舶未經許可進入臺灣地區限制或禁止水域，主管機關依下列規定處置：

一、進入限制水域者，予以驅離；可疑者，命令停船，實施檢查。驅離無效或涉及走私者，扣留其船舶、物品及留置其人員。

二、進入禁止水域者，強制驅離；可疑者，命令停船，實施檢查。驅離無效、涉及走私或從事非法漁業行為者，扣留其船舶、物品及留置其人員。

三、進入限制、禁止水域從事漁撈或其他違法行為者，得扣留其船舶、物品及留置其人員。

四、前三款之大陸船舶有拒絕停船或抗拒扣留之行為者，得予警告射擊；經警告無效者，得直接射擊船體強制停航；有敵對之行為者，得予以擊燬。

第四十三條

依前條規定扣留之船舶，由有關機關查證其船上人員有下列情形之一者，沒入之：

一、搶劫臺灣地區船舶之行為。

二、對臺灣地區有走私或從事非法漁業行為者。

三、搭載人員非法入境或出境之行為。

四、對執行檢查任務之船艦有敵對之行為。

扣留之船舶因從事漁撈、其他違法行為，或經主管機關查證該船有被扣留2次以上紀錄者，得沒入之。

扣留之船舶無前二項所定情形，且未涉及違法情事者，得予以發還。

第四十四條

本條例第三十二條第一項所稱主管機關，指實際在我水域執行安全維護、緝私及防衛任務之機關。

本條例第三十二條第二項所稱主管機關，指海岸巡防機關及其他執行

緝私任務之機關。

第四十五條

前條所定主管機關依第四十二條規定扣留之物品，屬違禁、走私物品、用以從事非法漁業行為之漁具或漁獲物者，沒入之；扣留之物品係用以從事漁撈或其他違法行為之漁具或漁獲物者，得沒入之；其餘未涉及違法情事者，得予以發還。但持有人涉嫌犯罪移送司法機關處理者，其相關證物應併同移送。

第四十六條本條例第三十三條、第三十三條之一及第七十二條所稱主管機關，對許可人民之事項，依其許可事項之性質定之；對許可法人、團體或其他機構之事項，由各該法人、團體或其他機構之許可立案主管機關為之。

不能依前項規定其主管機關者，由行政院大陸委員會確定之。

第四十七條

本條例第二十三條所定大陸地區之教育機構及第三十三條之三第一項所定大陸地區學校，不包括依本條例第二十二條之一規定經教育部備案之大陸地區臺商學校。

大陸地區臺商學校與大陸地區學校締結聯盟或為書面約定之合作行為，準用本條例第三十三條之三有關臺灣地區各級學校之規定。

第四十八條

本條例所定大陸地區物品，其認定標準，準用進口貨品原產地認定標準之規定。

第四十九條

本條例第三十五條第五項所稱從事第一項之投資或技術合作，指該行為於本條例修正施行時尚在繼續狀態中者。

第五十條

本條例第三十六條所稱臺灣地區金融保險證券期貨機構，指依銀行法、保險法、證券交易法、期貨交易法或其他有關法令設立或監督之本國金融保險證券期貨機構及外國金融保險證券期貨機構經許可在臺

灣地區營業之分支機構；所稱其在臺灣地區以外之國家或地區設立之分支機構，指本國金融保險證券期貨機構在臺灣地區以外之國家或地區設立之分支機構，包括分行、辦事處、分公司及持有已發行股份總數超過50%之子公司。

第五十一條

本條例第三十六條之一所稱大陸地區資金，其範圍如下：

一、自大陸地區匯入、攜入或寄達臺灣地區之資金。

二、自臺灣地區匯往、攜往或寄往大陸地區之資金。

三、前二款以外進出臺灣地區之資金，依其進出資料顯已表明係屬大陸地區人民、法人、團體或其他機構者。

第五十二條

本條例第三十八條所稱幣券，指大陸地區發行之貨幣、票據及有價證券。

第五十三條

本條例第三十八條第一項但書規定之申報，應以書面向海關為之。

第五十四條

本條例第三十九條第一項所稱中華古物，指文化資產保存法所定之古物。

第五十五條

本條例第四十條所稱有關法令，指商品檢驗法、動物傳染病防治條例、野生動物保育法、藥事法、關稅法、海關緝私條例及其他相關法令。

第五十六條

本條例第三章所稱臺灣地區之法律，指中華民國法律。

第五十七條

本條例第四十二條所稱戶籍地，指當事人之戶籍所在地；第五十五條至第五十七條及第五十九條所稱設籍地區，指設有戶籍之臺灣地區或大陸地區。

第五十八條

本條例第五十七條所稱父或母，不包括繼父或繼母在內。

第五十九條

大陸地區人民依本條例第六十六條規定繼承臺灣地區人民之遺產者，應於繼承開始起3年內，檢具下列文件，向繼承開始時被繼承人住所地之法院為繼承之表示：

一、聲請書。

二、被繼承人死亡時之除戶戶籍謄本及繼承系統表。

三、符合繼承人身分之證明文件。

前項第一款聲請書，應載明下列各款事項，並經聲請人簽章：

一、聲請人之姓名、性別、年齡、籍貫、職業及住、居所；其在臺灣地區有送達代收人者，其姓名及住、居所。

二、為繼承表示之意旨及其原因、事實。

三、供證明或釋明之證據。

四、附屬文件及其件數。

五、地方法院。

六、年、月、日。

第一項第三款身分證明文件，應經行政院設立或指定之機構或委託之民間團體驗證；同順位之繼承人有多人時，每人均應增附繼承人完整親屬之相關資料。

依第一項規定聲請為繼承之表示經准許者，法院應即通知聲請人、其他繼承人及遺產管理人。但不能通知者，不在此限。

第六十條

大陸地區人民依本條例第六十六條規定繼承臺灣地區人民之遺產者，應依遺產及贈與稅法規定辦理遺產稅申報；其有正當理由不能於遺產及贈與稅法第二十三條規定之期間內申報者，應於向被繼承人住所地之法院為繼承表示之日起2個月內，準用遺產及贈與稅法第二十六條規定申請延長申報期限。但該繼承案件有大陸地區以外之納稅義務人者，仍應

由大陸地區以外之納稅義務人依遺產及贈與稅法規定辦理申報。

前項應申報遺產稅之財產，業由大陸地區以外之納稅義務人申報或經稽徵機關逕行核定者，免再辦理申報。

第六十一條

大陸地區人民依本條例第六十六條規定繼承臺灣地區人民之遺產，辦理遺產稅申報時，其扣除額適用遺產及贈與稅法第十七條規定。

納稅義務人申請補列大陸地區繼承人扣除額並退還溢繳之稅款者，應依稅捐稽徵法第二十八條規定辦理。

第六十二條

大陸地區人民依本條例第六十七條第二項規定繼承以保管款專戶存儲之遺產者，除應依第五十九條規定向法院為繼承之表示外，並應通知開立專戶之被繼承人原服務機關或遺產管理人。

第六十三條

本條例第六十七條第四項規定之權利折算價額標準，依遺產及贈與稅法第十條及其施行細則第三十一條至第三十三條規定計算之。被繼承人在臺灣地區之遺產有變賣者，以實際售價計算之。

第六十四條

本條例第六十八條第二項所稱現役軍人及退除役官兵之遺產事件，在本條例施行前，已由主管機關處理者，指國防部聯合後勤司令部及行政院國軍退除役官兵輔導委員會依現役軍人死亡無人繼承遺產管理辦法及國軍退除役官兵死亡暨遺留財物處理辦法之規定處理之事件。

第六十五條

大陸地區人民死亡在臺灣地區遺有財產者，納稅義務人應依遺產及贈與稅法規定，向財政部臺北市國稅局辦理遺產稅申報。大陸地區人民就其在臺灣地區之財產為贈與時，亦同。

前項應申報遺產稅之案件，其扣除額依遺產及贈與稅法第十七條第一項第八款至第十一款規定計算。但以在臺灣地區發生者為限。

第六十六條

繼承人全部為大陸地區人民者，其中一或數繼承人依本條例第六十六條規定申請繼承取得應登記或註冊之財產權時，應俟其他繼承人拋棄其繼承權或已視為拋棄其繼承權後，始得申請繼承登記。

第六十七條

本條例第七十二條第一項所定大陸地區人民、法人，不包括在臺公司大陸地區股東股權行使條例所定在臺公司大陸地區股東。

第六十八條

依本條例第七十四條規定聲請法院裁定認可之民事確定裁判、民事仲裁判斷，應經行政院設立或指定之機構或委託之民間團體驗證。

第六十九條

在臺灣地區以外之地區犯內亂罪、外患罪之大陸地區人民，經依本條例第七十七條規定據實申報或專案許可免予申報進入臺灣地區者，許可入境機關應即將申報書或專案許可免予申報書移送該管高等法院或其分院檢察署備查。

前項所定專案許可免予申報之事項，由行政院大陸委員會定之。

第七十條

本條例第九十條之一所定喪失或停止領受月退休（職、伍）金及相關給與之權利，均自違反各該規定行為時起，喪失或停止領受權利；其有溢領金額，應予追回。

第七十一條

本條例第九十四條所定之主管機關，於本條例第八十七條，指依本條例受理申請許可之機關或查獲機關。

第七十二條

基於維護國境安全及國家利益，對大陸地區人民所為之不予許可、撤銷或廢止入境許可，得不附理由。

第七十三條

本細則自發布日施行。

Note

國家圖書館出版品預行編目資料

餐旅概論／陳永賓著. 一初版. 一臺北市：
五南, 2014.02
　　　面；　　公分

ISBN 978-957-11-7488-4（平裝）

1.餐旅管理

483.8　　　　　　　　　　102027600

1L83　　餐旅系列

餐旅概論

作　　者 ─ 陳永賓

發 行 人 ─ 楊榮川

總 編 輯 ─ 王翠華

主　　編 ─ 黃惠娟

責任編輯 ─ 盧羿珊　周雪伶　潘婉瑩

插　　畫 ─ 蕭育幸

封面設計 ─ 童安安

出 版 者 ─ 五南圖書出版股份有限公司

地　　址：106台北市大安區和平東路二段339號4樓

電　　話：(02)2705-5066　　傳　　真：(02)2706-6100

網　　址：http://www.wunan.com.tw

電子郵件：wunan@wunan.com.tw

劃撥帳號：01068953

戶　　名：五南圖書出版股份有限公司

台中市駐區辦公室/台中市中區中山路6號

電　　話：(04)2223-0891　　傳　　真：(04)2223-3549

高雄市駐區辦公室/高雄市新興區中山一路290號

電　　話：(07)2358-702　　傳　　真：(07)2350-236

法律顧問　林勝安律師事務所　林勝安律師

出版日期　2014年2月初版一刷

定　　價　新臺幣300元